图画通识丛书
A Graphic Guide

意 识

Introducing
Consciousness

戴维·帕皮瑙（David Papineau）

霍华德·塞利纳（Howard selina）著

陈玮 译　　徐向东 审校

三联书店

图书在版编目（CIP）数据

意识／（英）戴维·帕皮瑙　霍华德·塞利纳著；陈玮译. —北京：
生活·读书·新知三联书店，2019.10　（2025.5 重印）
（图画通识丛书）
ISBN 978 – 7 – 108 – 06693 – 0

Ⅰ. ①意…　Ⅱ. ①戴…　②陈…　Ⅲ. ①意识－研究
Ⅳ. ① B842.7

中国版本图书馆 CIP 数据核字（2019）第 181881 号

责任编辑　黄新萍
装帧设计　张　红
责任校对　龚黔兰
责任印制　卢　岳
出版发行　**生活·讀書·新知** 三联书店
　　　　　（北京市东城区美术馆东街 22 号　100010）
网　　址　www.sdxjpc.com
图　　字　01-2018-6765
经　　销　新华书店
印　　刷　北京隆昌伟业印刷有限公司
版　　次　2019 年 10 月北京第 1 版
　　　　　2025 年 5 月北京第 2 次印刷
开　　本　787 毫米 × 1092 毫米　1/32　印张 5.75
字　　数　50 千字　图 170 幅
印　　数　08,001－10,500 册
定　　价　35.00 元

（印装查询：01064002715；邮购查询：01084010542）

目 录

意识是什么？

我们最好是从例子开始讨论这个问题，而不是从定义开始。

想象一下这个区别：不给局部麻醉，钻开你的牙髓腔……

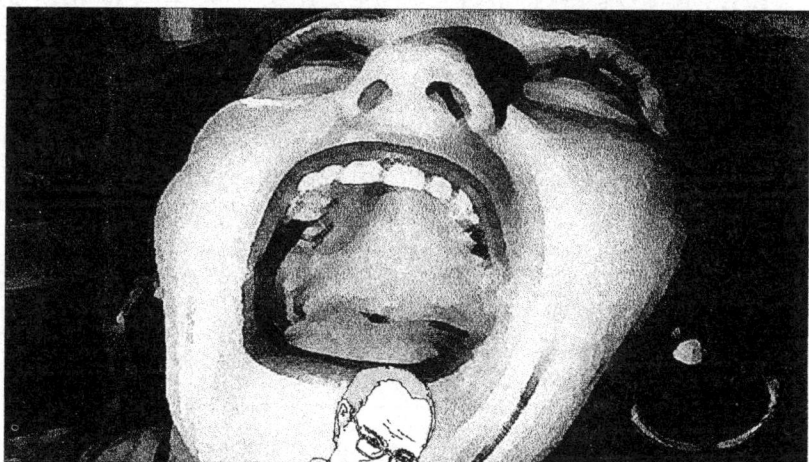

麻醉了再钻开牙髓腔……

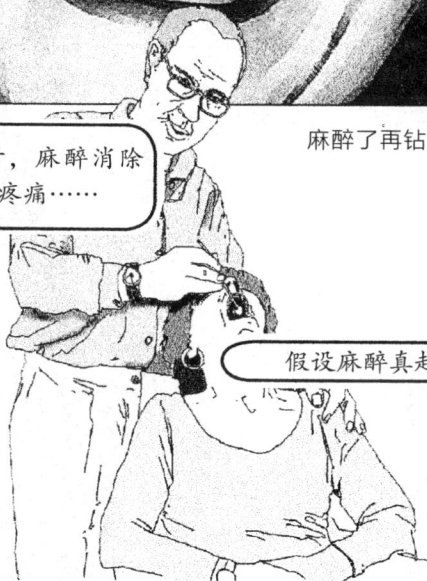

区别就在于，麻醉消除了有意识的疼痛……

假设麻醉真起作用的话！

再想想这个区别：睁开眼睛，然后闭上……

当你闭上眼睛的时候，消失的是你的有意识的视觉经验。

有时候人们会把意识解释成一种差别，就像你醒着和睡着了这两种状态之间的差别。但是这样说并不完全正确。

梦也是有意识的。

梦是一系列的意识经验，虽然与我们醒着的时候相比，这些经验通常来说不是很连贯。

的确，我们能够有意识地感觉到梦境中的体验，特别是在做噩梦或幻想的时候，即使这些体验不那么连贯，它们也可以很强烈，有时候反而因为不连贯才会格外强烈。

意识就是我们在**无梦**的睡眠或者麻醉状态下所丧失的东西。

意识的不可定义

我们之所以用例子而不是定义开头，就是因为似乎没有客观的科学定义足以把握意识的本质。

比如说，假定我们试着用某些典型的**心理**作用来界定意识，所有意识状态在影响决策或是传递有关周围环境的信息时，都会发挥这些心理作用。

或者我们也可以直接用**物理**术语来挑出意识状态，比如说涉及大脑中出现的某些类型的化学物质，等等。

我们尝试过的所有这类客观定义似乎都会漏掉最基本的要素。这些定义无法说明，为什么意识状态是通过某种特定的方式来进行感知的。

想象一个具有计算机大脑的机器人，它的内在状态对应着关于外部世界的"信息"并影响了机器人的"决定"。单单是这样一些在设计方面的技术参数，似乎不能确保这个机器人具有任何真实的感受。

灯可能开着，但是有人在家吗？

哪怕我们具体给出了制造这个机器人所需要的、确切的化学和物理要素，前面提到的要点也同样成立。

我们已经意识到意识具有某种本性，这其中有些难以言喻的东西。我们可以借助例子来表明这种主观的要素。但是任何客观定义似乎都无法做到这一点。

有人曾经请路易斯·阿姆斯特朗 [Louis Armstrong，也有人说是胖子沃勒（Fats Waller）] 对爵士乐下个定义。

老兄，你要是真问的话，你就永远得不到答案。

这句话也可以送给那些想要给意识下定义的人。

当一只蝙蝠是什么感觉？

　　当我们说到有意识的精神状态，比如痛苦、视觉经验或梦境的时候，我们经常是将这些状态的主观概念和客观概念混在一起使用。我们不会停下来去具体说明，我们说的究竟是**主观的感觉**（比如说，有某种经验的感觉像什么），还是心理作用和物理构造的**客观特征**？

　　即使如此，这两个方面也总是能够加以区分。这正是美国哲学家托马斯·内格尔（Thomas Nagel）的著名问题的要点所在："当一只蝙蝠是什么感觉？"

大多数蝙蝠靠回声定位来确定行动路径。它们会发出一连串音调很高的声音，并利用回声确定物理对象的位置。所以，内格尔提出这个问题的用意在于："蝙蝠通过回声定位来感知物体，这究竟是什么感觉？"

那肯定像是生活在黑暗中，大部分时间都头朝下吊着，听着一连串高音调的噪声。

但这是不大可能的。

人若像蝙蝠那样生活的话，或许就像是这个样子。

但是对蝙蝠来说，回声定位是很自然的，它们所意识到的大概不是声音，而是物理对象，就好像人们通过视觉意识到的也是物理对象，而不是光波。

不过我们还是可以问：蝙蝠究竟是如何感知物理对象的呢？它们能够将物体感觉为明亮的、黑暗的，或者有颜色的吗？还是说它们将物理对象感觉为具有某种类型的声波结构？它们能像我们一样感觉到物体的形状吗？

我们无法回答这些问题。当一只蝙蝠是什么感觉？我们对此一无所知。

我们无法设想蝙蝠的主观感受。

当内格尔提出这个问题的时候，他并不是要说，蝙蝠缺少意识。他将蝙蝠看作正常的哺乳动物，这样的话，它们很可能就像猫和狗那样具有意识。相反，内格尔想要迫使我们去区分两个意识经验概念：**客观**的意识经验和**主观**的意识经验。

当我们说到人类的时候，我们通常不会想到内格尔提出的这种区分。我们通常是同时从主观和客观这两个方面去思考人类意识的，既考虑主观上如何感受，也考虑大脑中发生了哪些客观上可辨识的变化。

然而，蝙蝠之所以能促使我们注意到这个区分，恰恰是因为我们主观上完全无法把握蝙蝠的感觉，即便我们具有大量关于蝙蝠的客观信息。

通过科学，我们对蝙蝠的大脑有了很多了解。

但还是不了解当一只蝙蝠是什么感觉。

经验和科学描述

内格尔于是鉴别出某种关于经验的东西,而这是科学描述无法把握的。即使我们已经知道了科学所能告诉我们的关于蝙蝠的一切,我们依然缺少蝙蝠的主观感受。

这个教训于是适用于一般而论的意识经验。

即使我们通常总是将主观的东西与客观的东西混在一起,我们也绝对不应该忘记,这二者其实是可以分开的。

而且,再多的科学描述都不会传达一种对意识经验的主观把握。

意识如何与客观世界相符？

意识的核心问题涉及具有某个主观方面的精神状态。用内格尔的话来说，这些状态是"好像某种东西"的状态。它们有时也被称为"**现象意识**"（phenomenal consciousness），以此来强调它们独特的"现象性质"（what-its-likeness）。

主要的挑战在于，说明主观意识或者现象意识是如何与客观世界相适应的。

尤其是，这种意识是如何与大脑中的各种系统变化相关联的。

在这个问题上，我们面对很多选择。我们先看看其中三个：**二元论**（dualist）、**唯物论**（materialist）和**神秘论**（mysterian）。

第一种选择：二元论

意识经验的主观特征是不是真能和大脑活动**区别**开来？这是一个自然的假设。但是这种**二元论**的思路也会引发更多的问题。

如果这个世界包含着主观要素，那么它们与通常的物理实体之间是如何相互作用的？物理实体看起来占据了时间和空间。

是哪些尚未确知的原理支配着这些主观要素的产生？

第二种选择：唯物论

　　另一个选项是，否认主观心灵与客观的大脑真的像表面上看起来那样彼此有别。**唯物论**选项对于心—脑的主观和客观概念之间的分歧持怀疑态度。这种观点坚持认为，在现象背后其实有某种**统一性**。

> 唯物论者面对的问题是要说明心灵与大脑何以是同一的。

> 它们看起来是如此迥异。

第三种选择：神秘论

　　不过还有其他一些人，他们觉得无法回答这个问题，就只好接受"**神秘论**"的观点，认为意识是某种完全无法说明的神秘的东西。

　　稍后我们还会更仔细地讨论这三种选择。不过目前我们先简单接受一点，即：解释现象意识无疑是——用澳大利亚哲学家戴维·查尔莫斯（David Chalmers）的话来说——意识的"**难题**"。

困难的问题和容易的问题

　　查尔莫斯区分了有关意识的"困难的问题"和"容易的问题"。按照查尔莫斯的说法，容易的问题涉及的是对大脑的客观研究。

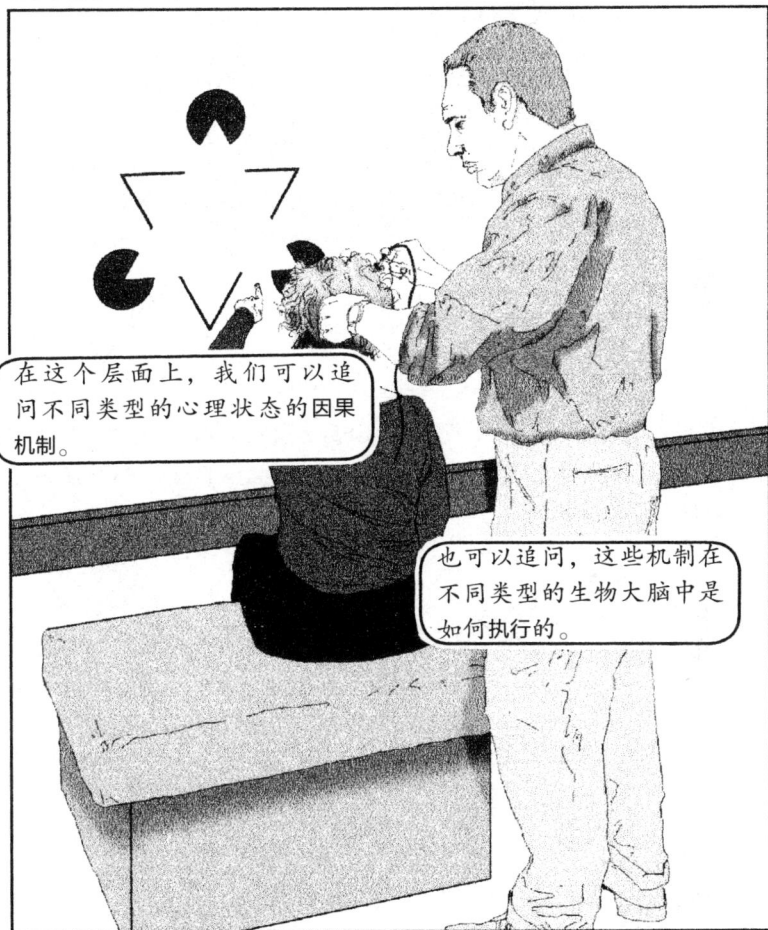

　　当然，说这些问题"容易"仅仅是相比较而言的。它们其实可以对心理学家和生理学家提出真正的挑战。不过，这些问题之所以被认为是"容易的"，是因为它们似乎可以用明确的科学方法加以解决，而不会造成难以逾越的哲学障碍。

所以，举例来说，我们或许可以分析痛苦，认为这是某种通常由身体损伤而引起的状态，而且一般来说会导致某种避免发生进一步伤害的欲望。

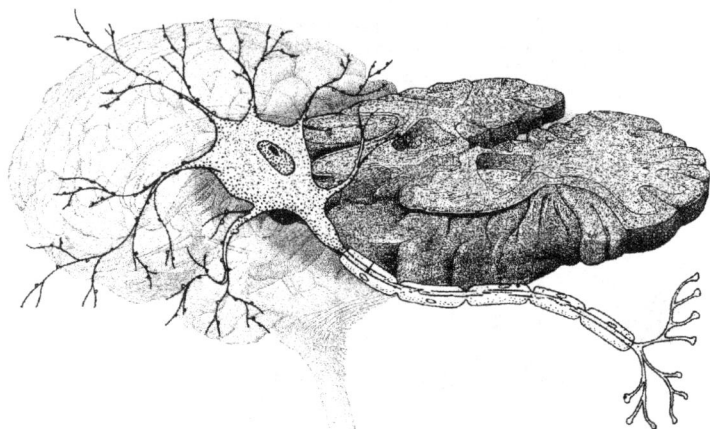

接下来我们就可以考察，痛苦在人类身上是如何由某种神经纤维 A 和神经纤维 C 的传递系统来实现的，以及在其他动物身上是如何由不同的生理系统来实现的。

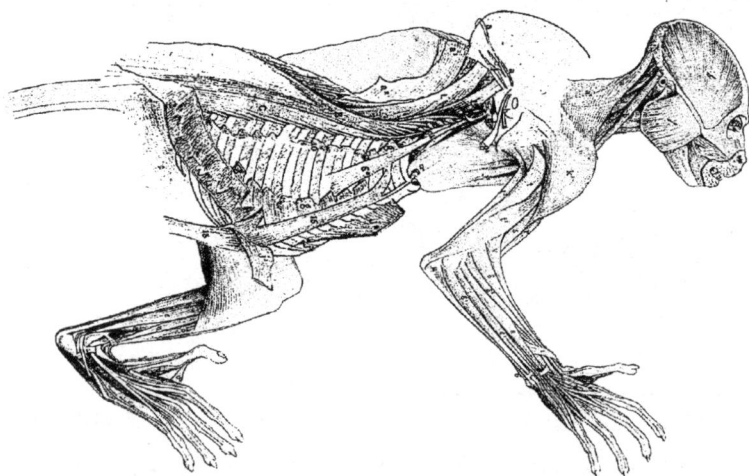

我们也可以展开类似的客观研究，去探究其他感觉的心理过程，例如视觉、听觉、记忆等。

但是，查尔莫斯指出，所有这些"容易"处理的材料都不能向我们解释这些过程中出现的**感受**（feelings）。关于因果关系和物理实现的论述同样可以用于无感觉的机器人，正如它们可以用于那些内心悸动、兴奋或发痒的人类。这个"困难的问题"是要去说明感受是从**哪里**来的——也就是说，要去说明现象意识。

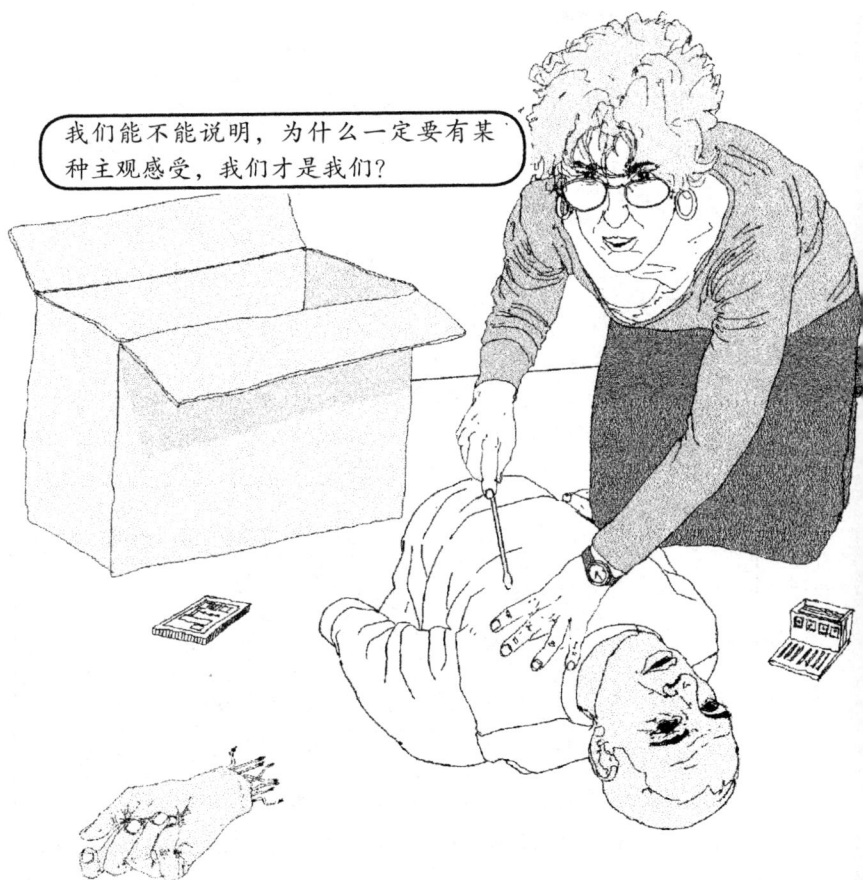

解释的缺口

另一位哲学家、美国人约瑟夫·莱文（Joseph Levine）将这个问题称为"解释的缺口"。客观的科学能给我们的只有这些。在心理学中，与其他学科一样，我们能够识别不同状态在因果层面是如何起作用的，也能找出相关的机制。但是对心理学来说这似乎不够。还有一些问题需要解释。

即使我们已经得知了一切有关避免损害状态、神经纤维 A 和神经纤维 C 的信息，我们依然想说……

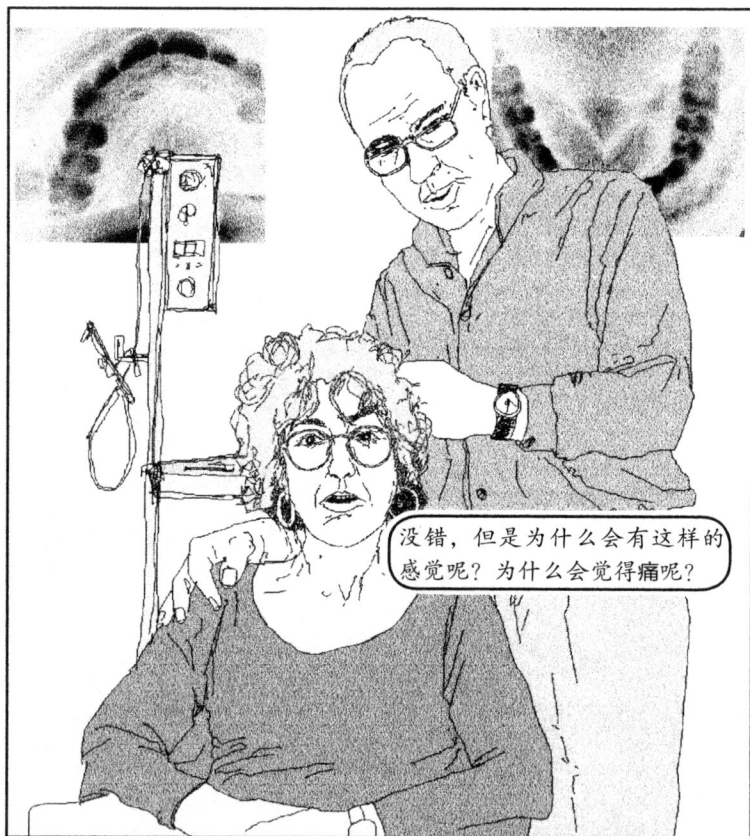

这里，在科学能够告诉我们的和我们最想要得到解释的事情之间，似乎存在着一个缺口。

生物的意识

有时候我们说**生物**是有意识的，但是不会说它们具有现象意识状态。比如，我们说人类是有意识的，而细菌没有意识。而我们或许想要知道，鱼或者蜗牛有没有意识。

但是对"生物意识"的讨论并非显著地不同于此前对"现象意识状态"的讨论。"生物意识"很容易用"状态意识"（state consciousness）来界定。如果一个生物有时候具有意识状态，那么它就是有意识的。

"鱼有没有意识"这个问题实际上问的就是：它们是否有时候能意识到疼痛，是否具有有意识的视觉经验，等等。

意识难题是一个新问题

20 世纪下半叶，意识的难题已经日益凸显。这是因为 20 世纪的科学发展起来的世界观令我们难以理解意识怎能与现实相契合。

当代科学所设想的物理世界可能会将意识挤出存在的领域。

一旦这世界充满力、原子和分子……

……就没有空间来容纳那些独立的意识状态了。

一开始并不是这样。在 20 世纪之前，哲学家和科学家都认为下面这个观点理所当然：实在包含了独立的、有意识的心灵，它们独立于任何物质性的实在而存在。

人们普遍认为，意识领域至少与物质世界一样基本。

历史上，被看成"二等公民"的不是心灵（mind），而是物质（matter）。

笛卡尔的二元论

笛卡尔（René Descartes，1596—1650）被公认为是现代哲学的创始人。他也为现代物理科学奠定了基础。不过，虽然笛卡尔提出了有关物理世界的创新思想，但他始终相信，有意识的心灵是在一个独立的、非物理性的层面上存在的。

笛卡尔是一个二元论者。他认为存在着两个彼此分离却又相互影响的领域，即：精神与物质。

运动的物质

笛卡尔关于物质世界的看法本身十分质朴，与此前和之后的大部分观点都颇为不同。他认为，物质领域仅包括运动的物质，且一切运动都是通过接触发生的。

> 一切物理效应都是由少量物质彼此相撞引起的。

诸如颜色、声音、气味之类，并非真的存在于客观事物当中，而是物质微粒作用于我们的感官时在我们这里所产生的印象。

心灵与物质相分离

笛卡尔并不认为实在当中仅仅包含运动的物质。他所设想的物质世界过于简朴，于是作为部分补充，他也假定存在着一个独立的心灵领域。这个领域充满了思想和情感、快乐和痛苦。这些意识要素不具备任何物质性的**空间**特性，即：大小、形状和运动。

它们与物质事件（material events）之间唯一的共同属性在于：都存在于时间之中。

笛卡尔认为，心灵与物质虽然极为不同，但是可以相互影响。物质性的原因可以产生精神上的效果，比如说，当你坐在一根针（物质性的）上的时候，你感到疼痛（精神性的）。而精神原因也可以产生物质性的效应，比如当你感到痛（精神性的）的时候，这种痛让你又跳了起来（物质性的）。

松果体

　　笛卡尔认为,心灵和物质是在**松果体**(pineal gland)当中相互影响的。这是人脑当中的一个豌豆大小的器官,位于胼胝体下面,我们尚未了解其全部功能。松果体也是大脑当中唯一没有分成左右两部分的对称器官。

就是在这儿,物质和精神走到了一起,并互相影响。

　　今天看来,这个想法可能有些古怪,但它一度是对一个重大问题的可靠回答。任何一种二元论总得说明,心灵和物质这两个不同的领域何以相互影响、互为因果?我们后面会看到,这个问题到现在还是当代二元论的"阿喀琉斯之踵"*。笛卡尔的"松果体理论"经常遭人嘲笑,但是所有二元论观点都必须包含对心—脑互动的某种解释。

---

* 典出希腊神话,意为"致命的弱点"。——译者注(除特别标注外,以下文中注释均为译者注)

贝克莱的观念世界

　　心灵与物质之间如何相互影响，这个问题继续困扰着笛卡尔之后的哲学家和科学家。他们也对我们认识物质世界的能力感到忧虑。

> 如果我们的有意识的自我仅仅存在于精神领域……

> 那么我们怎能确切认识在心灵—物质的分界线另一边的东西？

　　怀疑论者争辩说，笛卡尔的二元论宣告了我们无法认识物质世界。

　　贝克莱（George Berkeley, 1685—1753）是爱尔兰的克罗因地区主教，他对上面这两个问题提出了一个激进的解决方案。

> 可以假设，其实不存在物质世界——只有一个由精神事件构成的世界。

　　也就是说，假设我们所有的经验就只是经验，并没有什么"外部的"物理对象引起这些经验。这样一来，就算现实存在的只有我们头脑中的经验，一切事物看起来也依然和平常一样。

贝克莱的激进**观念论**（idealism）具有明显的吸引力。由于不再有与心灵相互作用的物质，也就不再有心灵和物质如何相互作用的问题。

而且，既然已经取消了外部世界的存在，也就不再有我们如何认识"外部世界"的问题。

贝克莱说了，"Esse est percipi"（存在就是被感知），他一下子就消解了笛卡尔的二元论所面对的问题。

当然，观念论是对常识的侮慢，肯定会激怒与贝克莱同时代的词典编纂者、文学家**塞缪尔·约翰逊**（Samuel Johnson, 1709—1784），约翰逊完全不把贝克莱否认物质存在的观点当回事儿。

观念论可不是这么容易就能打发的。贝克莱肯定会承认，约翰逊能看见一块石头并且在踢石头的时候会感觉到疼痛。但贝克莱只需要否认一点，即引发上述主观印象的是某个进一步假定的物质实体。而如果约翰逊所能提出的唯一证据只是更多的主观印象，那他又如何表明贝克莱是错的？

观念论传统

观念论的这种无法证伪的特点，再加上它在哲学方面的优势，已经吸引了很多哲学家转向这一立场。

确实，自 18 世纪晚期至 20 世纪早期，几乎每一位重要的哲学家都是忠诚的观念论者。

其中最突出的包括德国哲学家**黑格尔**（Georg Hegel, 1770—1831）、**叔本华**（Arthur Schopenhauer, 1788—1860）和**胡塞尔**（Edmund Husserl, 1859—1938），以及法国哲学家**柏格森**（Henri Bergson, 1859—1941）。

英国观念论

我们也不能认为，观念论一直以来只是大陆哲学的问题。英国哲学因其对"常识"的信奉而闻名，但这并不妨碍其主要人物对观念论表示赞同。

约翰·穆勒（John Stuart Mill, 1806—1873）对于大多数问题都具有清醒的头脑，并提倡系统的科学研究，且多年以来都是大英帝国东印度公司的顶梁柱。但是，关于物质世界之本性这个问题，他坚定地追随贝克莱的立场。

> 石头、棍子，以及其他的物理事物，它们并不具有某种脱离我们的感官意识而存在的独立实在。

对穆勒来说，物质对象就是"感觉的永久可能性"。

穆勒的教子**罗素**（Bertrand Russell, 1872—1970）继承了英国观念论的传统。罗素是重要的逻辑学家和语言哲学家。

不过我也觉得，物理世界就是从我们的精神维度所做出的一个虚构，一个用我们在感知中获得的"感觉资料"（sense-data）做出的"逻辑构造"（logical construction）。

这一"贝克莱传统"更由**艾耶尔**（A.J. Ayer, 1910—1989）沿袭至20世纪。"弗雷迪"（Freddie）* 是20世纪都市文明的代表，过着多姿多彩的社交生活，并且经常在电视上露面。熟悉他的公众若知道下面这个事实，可能会感到惊讶：艾耶尔认为，物质世界并不具有实在性，而只是我们的感官所传递之信息的反映。

---

* 阿尔弗雷德·朱尔·艾耶尔的昵称。

对观念论的科学反应

　　无论你怎么理解观念论，你都得承认，它对于意识来说没有什么问题。观念论者绝非要在实在当中为意识状态找到位置，而是要用意识来建构实在。他们的问题是要说明物理对象（比如树和桌子）何以是实在的一部分，而不是说明意识何以是实在的一部分。

在 20 世纪，哲学家和心理学家逐渐开始反对观念论。

他们首先担心的是对一个主观精神领域所提出的主张如何得到公共证实。

如果精神的东西在本质上都是私人的，只能为某个单一个体所获取，那么其他人又如何能够知道它们呢？

行为主义心理学

这种担忧首先在心理学领域表现出来。**行为主义**（Behaviourist）运动争论说，科学的心理学不能仅仅以主观状态的内省为基础。最先倡导行为主义的是**约翰·沃森**（John B. Watson, 1878—1958）及其追随者 **B. F. 斯金纳**（B.F.Skinner, 1904—1990）。

> 一门科学心理学应该建立在对行为进行实验研究的基础上。

> 而不是建立在个体对自身感受的判断的基础上。

行为主义学派从对老鼠和鸽子的实验研究中获得了大量知识，尤其是研究这些动物如何通过恰当的奖惩模式而得到训练。

斯金纳箱子

　　斯金纳设计了一个名为"操作性条件反射装置"的特殊实验装置，通常被称为"斯金纳箱子"，用它来研究老鼠的条件反射行为。如果压下箱壁上的一根操纵杆，就会从一个孔道获得一块作为奖励的食物。一开始，老鼠可能是偶然压下操纵杆，但是奖励会**强化**其行为，使之持续压下操纵杆。

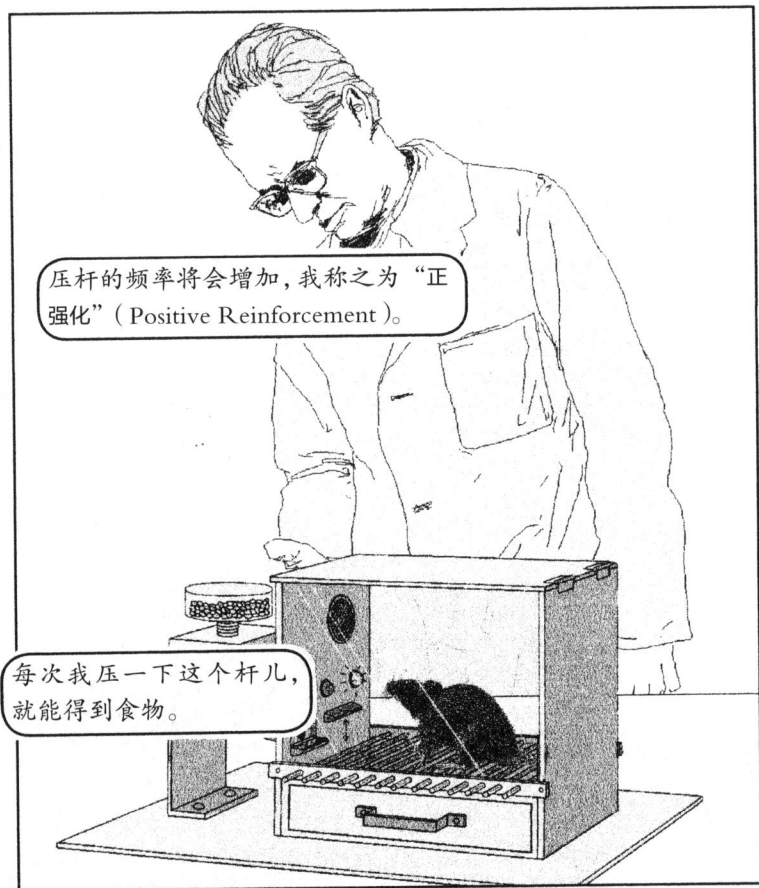

　　斯金纳发现，老鼠的行为一旦得到强化，它就会持续压杆，即使不再获得食物奖励。这种现象被称为"操作性条件反射"。

沃森和斯金纳不仅将他们的观点应用于老鼠和鸽子，也应用于人类。沃森是一位极端的环境论者。

> 人类心灵的结构完全是通过后天培养（采取奖励和惩罚的方式）塑造的，并不是由先天的**自然本性**塑造的。

依据这一思想，斯金纳创作了一部广为人知的乌托邦小说《瓦尔登湖第二》（*Walden Two*），该书是**亨利·梭罗**（Henry Thoreau，1817—1862）首创的那部美国乡村田园牧歌《瓦尔登湖》的续集。在书中，斯金纳呼吁人们构建一个以严格的奖励模式为基础的幼儿教育体系。

机器中的幽灵

心理学领域的行为主义运动获得了哲学家的巨大支持。心理学家还只是抨击主观经验研究是一种糟糕的方法论，而哲学家干脆论证说主观经验在逻辑上毫无意义。这种哲学立场后来被称作"逻辑行为主义"（logical behaviourism），以此区别于心理学家所提出的那种较弱的"方法论行为主义"（methodological behaviourism）。

> 逻辑行为主义者认为"个人主观经验"这个概念不具备一贯性而将其搁置。

> 当我们说到"精神状态"的时候，我们的真正所指就是可公开观察到的、以某种方式做出行动的行为倾向。

吉尔伯特·赖尔（Gilbert Ryle，1900—1976）嘲笑传统的心灵图景，认为它所描绘的是一个控制着身体运动的、独立的主观领域。他将这种图景称为"机器中的幽灵"。他反对这种观点，赞同另一种观点，即精神属性仅仅是按照某些方式做出行动的心理倾向。

盒子里的甲虫

另一位与逻辑行为主义有关的哲学家是**维特根斯坦**（Ludwig Wittgenstein, 1889—1951）。在他著名的"私人语言论证"中，维特根斯坦强烈主张，对于语言的运作来说，公共验证才是最根本的。如果某种语言的表达只能由一个人所检验，那么它作为语言是完全没有意义的。对于精神状态的讨论不可能涉及私人的内心活动。就算真能涉及私人的内心活动，我们也不会明白究竟在说什么。

> 这就好像我们每个人都有一只盒子，别人都看不到里面，然后所有人都开始讨论盒子里的"甲虫"。

> 我们说"盒子里的甲虫"时，说的可能完全不是一回事儿，甚至可能没有任何实际意义。

维特根斯坦论证说，如果对于精神的讨论要具备任何客观内容，那我们就必须认为，精神领域与那些可公开观察的行为之间具有内在联系。

心理功能主义者

如今，人们普遍将方法论行为主义和逻辑行为主义看作对心灵的主观主义观点做出的过度反应。认为我们不可能通过内省的方式来了解我们的精神状态，而只能通过对公开行动的观察来加以了解，这种观点其实是有点奇怪的。

你听过那个笑话吗，关于两个行为主义者的？

> 行为主义者甲碰到了行为主义者乙，对他说……

> 你今天感觉不错嘛！我怎么样？

今天，心理学领域的行为主义基本上已经被**功能主义**所取代。这种立场赞同行为主义，拒绝用一种根本上是主观主义的观念来理解精神状态，但它同时也承认，精神状态可以是*内在的*，不一定要在公开行为中展示出来。

诀窍就在于，将精神状态理解为按其典型的原因和效果来鉴定的内在"条目"。功能主义者认为精神状态就是**因果**中介（causal intermediaries），源自感知刺激，并且仅通过与其他精神状态的互动来影响行为。

　　举例来说，痛苦是一种精神状态，主要来自身体层面的损害，且通常促发某种欲望去躲避导致该损害的事物——它所产生的行为则取决于该欲望同其他信念及欲望之间的相互作用。

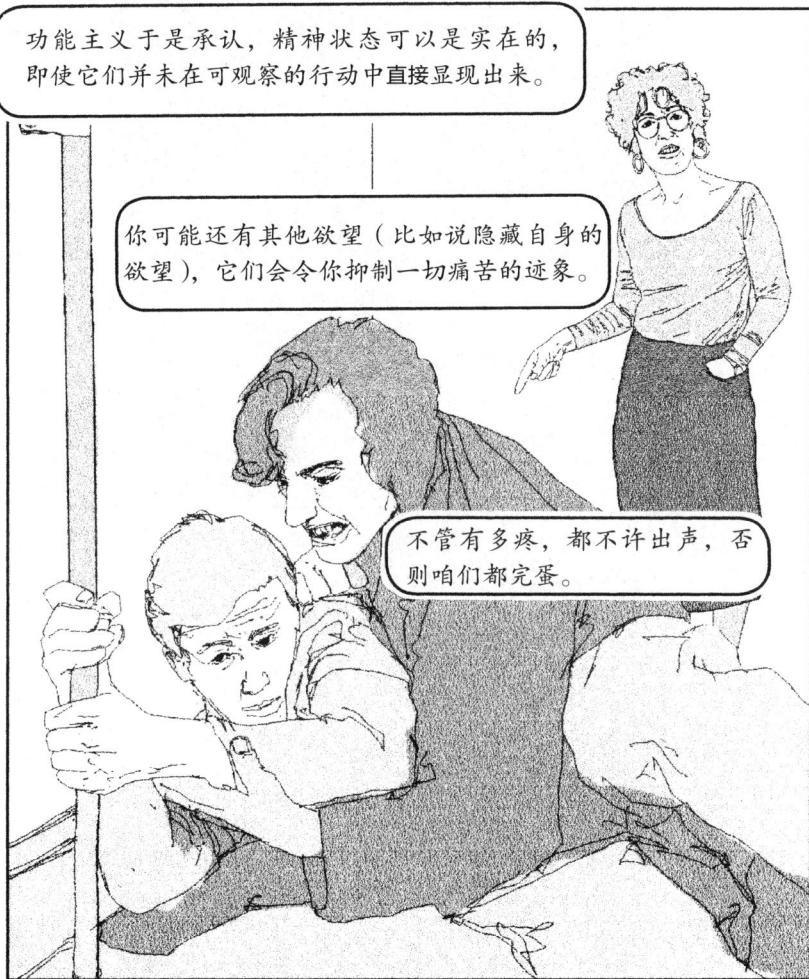

不过，尽管功能主义将精神状态看作内在的，但它并没有退回到从主观上将其鉴定为"个体**感觉**"的地步。功能主义可能会将精神状态看成是内在的、无法观察的，但它依然认为，精神状态是因果—科学的世界之中的客观部分。

功能主义认为，精神状态类似于科学的不可观测物，如原子、基因或夸克。

人们将其假定为隐藏的原因，是肉眼无法观察却又真实存在的事物。我们可以通过其原因和效果认识它们，而不是通过可能与之有关的感受来认识它们。

结构 vs 生理

即使功能主义将精神状态设定为感知与行为之间的因果中介，但是对于"精神状态由什么构成"这个问题，它并未明确表态。受到功能主义影响的心理学家则不再考察行为，转向对大脑的研究。

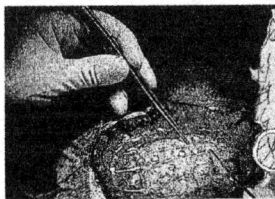

> 他们并没有亲自动手去研究那些关于神经元和大脑区域的生理细节。

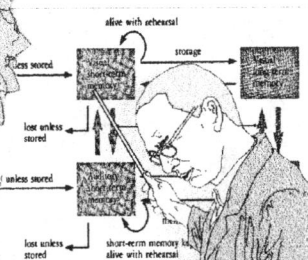

> 相反，我们画流程表。

他们从生理机制来抽象地设想那些心理**结构**。对于功能主义者来说，精神状态是被抽象地理解的，依据的是其所具备的因果作用，而不是它们的物质构成。

心灵是大脑的软件

人们经常用现代的数字计算机来做类比。我们可以区分计算机的"硬件"和"软件"。"硬件"就是机器的物理构造，就是硅片、晶体管、整流器乃至钢轮和齿轮的排列——主要看电脑是由什么物质构成的。

"软件"则是在机器上运行的程序，比如"微软"文字处理软件、"网景"（Netscape）浏览器或者远程终端协议等。

任何一个软件都能在装有不同硬件的机器上运行。微软文字处理系统能在 IBM 的 PC 上运行，也能在"苹果"的 Mac 上运行，即使这些机器的物理构造迥然不同。这是由于，软件的本质就在于其**因果结构**（causal structure）。

> 程序员确保微软文字处理系统的重要结构在 PC 和 Mac 上面都能实现。

重要的是，在键盘上键入一个单词，会产生**某种**内在的状态，后者反过来在视频显示器和打印机上产生恰当的回应。PC 和 Mac 所产生的内在状态有没有区别，这一点其实并不重要，只要它们都能满足这一结构性的要求就行。

可变的实现

功能主义者认为，心灵也和软件类似。当我们讨论精神状态时，我们说的是软件而不是硬件。也就是说，我们这里所说的是一种因果作用，是一种关于原因和效果的**结构**，而不是这种作用在其中得以实现的**物质**。因此我们将心灵看成是软件，而将大脑看成是硬件——在当前语境下还可以叫它"湿件"（wetware）*。

这个类比还有另一涵义。

就好比某种给定的程序、一款软件，它能在不同的机器中，通过不同的硬件加以运行。

……同样，某种给定的精神状态（比如痛苦）也可以在不同动物的大脑中以不同的方式加以实现。

---

* 所谓"湿件"，指的就是人脑，即人类大脑的神经系统。

比如说，人和章鱼具有完全不同的大脑，由完全不同的神经构成。但是对功能主义来说，这种差异并不妨碍人和章鱼同样感觉到疼痛。

因为疼痛是一种结构性的、类似软件的东西。

而同样的结构可以在不同的材料中以不同的方式实现。

假如人和章鱼都处于那种主要由身体损害引起的状态之中，而这种状态通常会引发一个躲避进一步伤害的欲望，那么他们就都处于疼痛之中，即使这种疼痛状态是通过不同的物质而实现的。这就好像是两台机器都在运行微软文字处理系统，尽管它们的构件不同，但它们具有同样的结构属性。

心灵的物理基础

　　由于功能主义并没有明确阐明"精神状态由什么构成"这个问题，而只说它是结构性的东西，那么功能主义就与二元论甚至观念论保持严格一致。或许在具有意识的生物的大脑中，会产生某种特殊的非物理性的"心一质"（mind-stuff），并按照功能主义所阐明的方式来发挥其结构性的作用。如果这种有意识的"心一质"具有正确的原因—效果结构，那么它自身就会为功能主义的心灵状态提供基础。

> "心一质"？我听着像是二元论啊。

> 没错，但是功能主义者其实并不拿这个说法当真。

　　几乎所有当代功能主义者都是唯物论者。他们认为人类的心灵仅仅由物理材料构成，其中不包括任何特殊的"心一质"。

毕竟，电脑仅由物质构成，做成晶体管和印刷电路板的形式，形成精巧的因果结构。当代功能主义者论证说，与此类似，除常规的物理构件之外，我们不需要别的东西（比如神经、突触和神经递质等）来说明心灵所特有的因果结构。

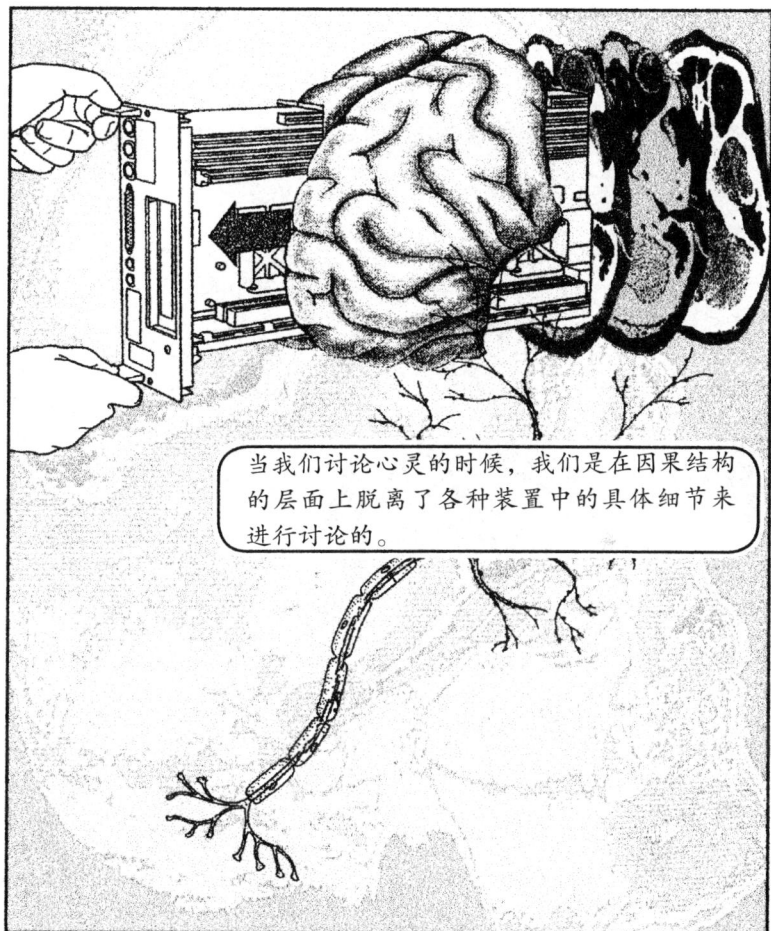

当我们讨论心灵的时候，我们是在因果结构的层面上脱离了各种装置中的具体细节来进行讨论的。

但是，当代功能主义者同时也没有任何理由怀疑，这些装置是物理性的。也就是说，你的心灵的各种成分都是由物质构成的，就好像你的台式机的各种成分是由物质构成的一样。

现代二元论者的复兴

现代的正统说法于是结合了以下两者：一是关于精神作用的**功能主义**观点，一是关于精神如何发挥这些作用的**物理主义**观点。精神状态由各种因果结构构成，而这些结构通过物理机制在人类和其他生物中得以实现。

这种现代正统学说强调了意识的"难题"。它为心灵提供了一个全然科学的、客观的说明，将之解释为由完全物理性的材料构成的因果结构。

> 正因如此，它似乎忽略了一点：具有心灵是一种什么样的感觉……

> 快乐与痛苦、兴奋与失望，正是这些感受令生活具有意义。

对于意识难题，一个可能的反应是坚持认为，心灵无论如何都得存在于一个独立的、非物理性的领域。如果现代的标准观点将人描绘为没有感觉也没有思想的自动机，那么标准观点岂不是更糟？它似乎否认了实在的关键部分。当前有很多哲学家（包括戴维·查尔莫斯）都敦促我们拒绝接受这种正统说法，回到笛卡尔的思想，将精神世界看作是附加于物质世界的。

但是，像查尔莫斯这样的现代二元论者并没有笛卡尔那么极端。

笛卡尔将心灵和物质看作两个相互分离的实体，就好像两种永不交汇的液体，每一种都有其独特的属性。

我们的有意识的自我是由一个实体构成的，人的身体则由另一个实体构成。自我是非物质的灵魂，身体则是俗世中平凡的物质。

属性二元论

　　现代二元论者（比如查尔莫斯）倾向于避免这种"实体二元论"，并将自己划定为"**属性**二元论"。他们并未将有意识的心灵看作某种分离的物质，与物质性的身体相剥离；而是乐于承认，人就是一个统一的实体。他们只是坚持，这个单一的实体拥有两种不同的属性。

所以，你具有各种物理属性，比如身高、体重以及燃烧的神经纤维 C。

你也有不同的意识属性，比如感到疼痛，或者感到沮丧。

　　用哲学术语来说，现代二元论者是"属性二元论者"，而不是"实体二元论者"。

从现代二元论的复兴来看，行为主义和功能主义都是对观念论泛滥的过度反应。人们可能已经将其看作对于 19 世纪哲学那如火如荼的主观主义所做出的反应，这无可厚非。但是，将心灵看作一种全然物理性的机器，这就太过了。难道我们自己还不知道（就以我们自身为例），我们的心灵确实具有某种非物理性的、有意识的本质吗？

这种二元论的复兴可以用论证来支持直觉。具体来说，近来已有二元论者采用两个著名的论证来阐明下面这个观点：心灵必定与物质不同。我们可以在 17 世纪二元论的原始著作中找到这两个论证的前身。

其中一个论证（基于可能性给出的论证）来自笛卡尔。

另一个论证（基于知识给出的论证）由我的后继者加以阐明，他就是伟大的德国哲学家莱布尼茨（Gottfried Wilhelm von Leibniz，1646—1716）。

笛卡尔的可能性论证

　　笛卡尔论证说，心灵和身体完全有可能分离存在。毕竟，"鬼魂"或"不朽的灵魂"这样的观念并不存在内在矛盾。或许实际上并没有鬼魂存在，但是，假设你即使没有身体，还依然作为一个有意识的存在者而继续存在，这的确也说得通。当然，成千上万的人都从这个想法中获得了极大的安慰。

这种"死后继续存在"的可能性意味着心灵和身体肯定是有区别的，哪怕它们总是一起出现。

因为，如果心灵和身体就是同一个东西，那么，说它们"分崩离析"还有什么意义呢？

　　美国哲学家克里普克（Saul Kripke）提出了可能性论证的一个现代变种。这个现代版本讨论的不是鬼魂，而是僵尸。

复制僵尸

克里普克设想了一个在物理上与之等同的存在物（你可以把它想成电影《星际迷航》里面的那种全息复制机做出来的复制物，每一个分子都完全复制），但是没有意识，也没有任何感受。

哲学家将这种"空心人"称为"僵尸"。这些哲学僵尸完全不同于好莱坞 B 级片中常见的、伏都教文化中的怪物。* 伏都教的僵尸是"活死人"，即没有灵魂的身体受到某个恶灵推动。这也是为什么它们会如此笨重缓慢地行走，还经常撞到家具。

---

* B 级片指的是好莱坞制作的短时、低预算的流行影片，主要以牛仔、恐怖、科幻等类型为主。伏都教的怪物指的是非洲伏都教文化所创造出来的经典怪物形象，又称"丧尸"或"还魂尸"，指一种因服食毒素而产生的无知觉的假死状态。

> 克里普克所说的完全物理复制人应该不会以这种方式在物理上受到挑战。

> 它的行为就像它的人类"原件"一样，具有通常的复杂性和灵活度。

毕竟，它具备完全相同的脑细胞和运动神经配置。它所缺少的只是**感觉**，只是内在的意识。

现在几乎可以肯定，真实世界里没有哲学僵尸。但是克里普克的要点并不需要真有僵尸存在。正如对于笛卡尔的论证来说，只要心灵和大脑有分离的可能，那就足够了。无论制造一个僵尸有什么样的实际困难，我们没有任何明显的理由在原则上排除这种可能性。在这样一个僵尸的观念中，并没有什么逻辑上矛盾的东西。它就是这样一种存在物：具有和你一样的物质身体，但是没有任何感受。

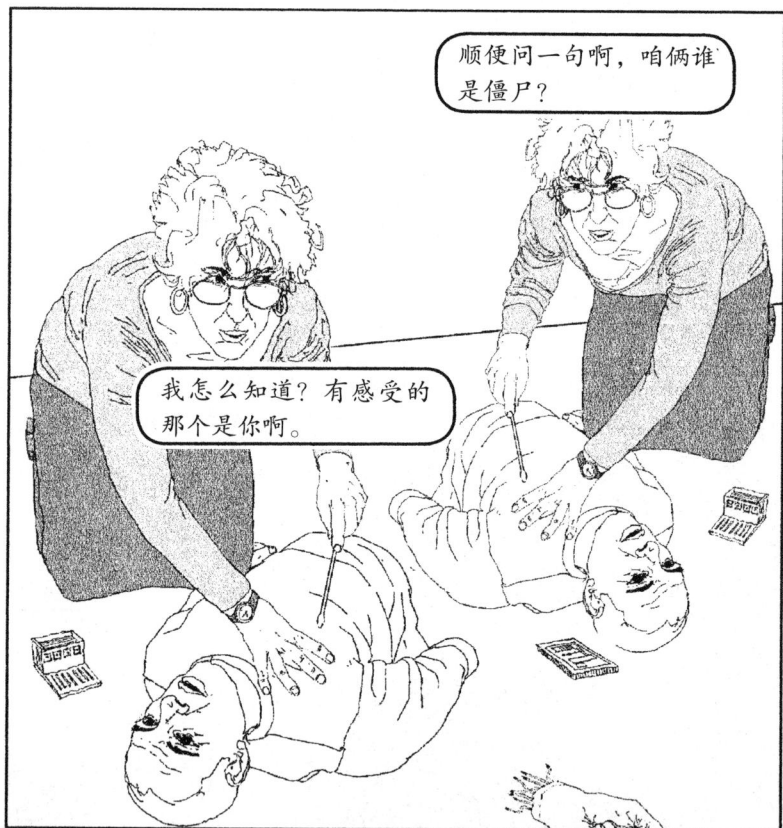

没错，如果僵尸可能存在，那么意识属性就肯定有别于一切物理属性或结构属性。因为按照定义，你的僵尸也拥有你的一切物理属性及结构属性，却没有你的意识属性。所以，如果我们可以承认僵尸可能存在，那么这一点就足以令我们承认，**意识**属性与**物理**及**结构**属性之间是有差别的。

莱布尼茨的知识论证

现代二元论的第二个论证主要是从**知识**的方面而不是**可能性**的方面提出的。这个论证的最初版本是由莱布尼茨在其首版于 1840 年的《单子论》（*Monadology*）一书中加以阐明的。

"假设有一台机器，其结构能产生思想、感受与感知。想象一下，这台机器扩大了很多，但是保持着同样的比例，这样你就可以走进去，就好像它是一间作坊。如果是这样，你就可以观察它的内部，但是在那儿你能看到什么呢？你能看到的只有各个互相推动的部件，却无法看到任何东西能够解释感知是怎么来的。"

莱布尼茨的要点在于，即使你了解大脑的物理运作的一切细节（就像你了解作坊里的机械装置一样），你还是不知道意识是什么。这似乎表明了，意识肯定是和物理机制不同的某种东西。

现代的知识论证

　　莱布尼茨论证的现代版本则来自澳大利亚哲学家弗兰克·杰克森（Frank Jackson），该论证依托于一个科幻故事，主人公玛丽是一位生活在未来的心理学专家。玛丽在人类视觉研究，尤其是色彩认知方面具有绝对的权威。她非常清楚人类看见色彩时，内部发生了什么变化。

　　玛丽完全了解光波和反射率曲线、视杆细胞和视锥细胞、枕叶当中很多与视觉有关的区域及其各自的功能、它们相互如何结合等等。

除此之外，我的成长经历也非同寻常。

　　她自己从未见过任何彩色的东西，一辈子都住在一座漆成黑色、白色以及各种灰色的房子里。她对色觉的所有知识都是"书本知识"，而且她的所有书籍都没有彩色插图。她有一台电视机，却是那种老式的黑白电视机。

一天，玛丽走出房子的大门，看见了一朵红玫瑰。根据杰克森的观察，就在这一刻，玛丽获得了一些新的东西，一些她从来不知道的东西。她知道了"看见红色的事物"是什么样的**感觉**。如果杰克森的说法是对的，那么我们就会再一次得出这个结论：并非所有的心理属性都是物理或结构属性。

> 根据假设，我在走出大门之前就已经完全了解色觉经验的物理及结构属性了。

> 但是，当她看到玫瑰花的时候，她才明白了色觉经验的某个进一步的属性。

因此，这个进一步的属性肯定不同于她已经知道的物理和结构属性。她这才明白什么是"红色视觉经验"的意识方面、什么是其现象本性，才明白看见一朵红玫瑰是什么样的感觉。

二元论的意识科学

查尔莫斯也是被上述二元论论证所说服的哲学家之一。他坚持认为，存在着一个分离的现象领域，我们在其中可以发现意识觉知（conscious awareness）。

查尔莫斯与其说是在拒斥科学，倒不如说是在建议科学应当拓展它的视界。

查尔莫斯举了一个例子作为类比，即 19 世纪对电磁（作为一种基本力）的发现。起初，19 世纪科学家本来是希望用更为基本的机械过程来解释电磁现象的。

但是**麦克斯韦**（James Clerk Maxwell，1831—1879）及其同辈科学家意识到，这是不可能的，于是他们将电磁增列为实在的基本元素之一。查尔莫斯希望人们在对"意识"的研究方面取得同样的进展。

科学如果要将意识纳入其研究领域，就需要认识到，自然具有一个新的基本要素，即现象性的东西（the phenomenal）。

查尔莫斯设想了如何构建一套理论来说明有意识的现象。该理论旨在阐明支配意识状态发生的基本规律，其方式正与麦克斯韦的理论为阐明电磁场的规律所采取的方式一致。

反对二元论的论证

不过，在我们开始讨论具体的理论之前，还有一些哲学问题是任何想要复兴二元论的人所无法回避的。最明显的是心—身交互问题。正如我们之前看到的，这个问题就跟二元论本身一样古老。它促使笛卡尔提出了那个屡屡遭人嘲弄的理论，即心灵与身体是在松果体当中交互作用的。

当代二元论是属性二元论，而非实体二元论，并因此避免了笛卡尔曾遭遇的难题之一，即两个迥然不同的实体是如何在因果层面上相互沟通的。

不过，最严重的身心交互问题还是没能得到解决。

这个问题其实就是要说明，心灵如何在不违背物理原则本身的情况下对物质产生影响。

因果完备性

　　这是因为物理世界看起来在因果上是完备的。产生物理效果的原因看起来总是其他的物理原因。比如说，如果我们要追溯守门员跳起来救球的原因，我们就会发现……

他的肌肉发生物理收缩……

接下来由其神经传递的电信号引起……

……电信号本身由他的运动皮层中的物理活动引起……

……接下来由他的感觉皮层中较早产生的神经元活动引起……

……神经元活动则由他的视网膜所记录的球的活动引起……

精神力量的死亡

更概括地说，如果我们回溯物理效果的原因，那我们似乎永远无法离开物理领域，而这样似乎就无法解释非物理属性（例如经验的意识属性）如何对你的行为产生影响。既然你的行为已经从先前发生的物理因素当中获得了充分解释，那么任何不同的意识状态似乎都是随机的不定因素，它们本身与接下来发生的事件是无关的。

它们就像是玩具方向盘，小孩坐在副驾驶的位置上，天真地想象自己正在控制汽车。

令二元论与物理学的因果完备性协调一致，这个问题不新鲜。17 世纪的二元论者已经普遍意识到这个问题。令人惊讶的是，笛卡尔自己似乎并不担心身心交互问题的这个方面。不过，他的第一代学术继承人没过多久就指出，17 世纪决定论的物理学排除了心灵影响物质的一切可能性。

尤其是我的后继者莱布尼茨……

如果运动中的一切变化都是由物质微粒之间的碰撞决定的，那就没有空间再让非物质性的灵魂通过松果体去影响物质世界了。

牛顿物理学

奇怪的是，这个以物理学为基础的反二元论论证在 18 世纪和 19 世纪丧失了影响力。这是因为笛卡尔和莱布尼茨的严苛的物理学（主张一切物质运动的变化都源自有形物体之间的接触）被**牛顿**（Sir Isaac Newton，1642—1727）提出的更为宽松的世界观所取代。

牛顿物理学承认非物质性的力能够发生超距作用。其中最著名的就是重力。但是牛顿及其追随者也愿意承认，这样的力还有很多，比如化学力和黏附力。

而且，那些特殊的生命力或精神力确实出现在特定的生物和有智慧的动物那里，并且有助于引导它们身上的物质。

只是到了相当晚近的时候，这种特殊的生命力或精神力才显得有些古怪。在牛顿科学学说的全盛期，这些力也是正统生物学和生理学常用的概念。人们并不认为它们比重力或电磁力更神秘。

特殊的"构型"力之所以产生，是因为物质在有生命的身体和有智慧的大脑之内、按照其中的复杂模式加以排列，关于这种力的思想一直保留至 20 世纪。这是"突现论"哲学（emergentist philosophy）的一个核心主题。**布罗德**（C.D. Broad，1887—1971）是这种哲学的捍卫者。他是《心灵及其在自然中的地位》（1923）一书的作者，1953 年之前在剑桥大学任哲学教授。

回到笛卡尔

　　物理学如今已经从牛顿的自由宽松回到了笛卡尔的严苛，并不再认为心灵是那类有力量推动身体运动的原因。不过当然了，我们还不至于回到笛卡尔原来的观点，即一切行动都是由物体之间的接触产生的。

> 我们依然承认，有的力是在一定距离外起作用的。

> 而现代量子力学中的偶然性则意味着，我们不再主张物理决定论。

> 但是在关键问题上，物理学又一次站在了我这边。

　　产生物质性效果的原因总是其他的物质性原因，而不是特殊的精神力或生命力。物理学目前已经认识到三种基本力：强核力、电弱力（electroweak force）以及重力。根据当代物理学的观点，所有物质运动的非随机影响来自上述三种力的结合。这样一来，独立的心灵产生物质性影响这一说法就没有任何存在的空间了。

唯物论的生理学

特殊的精神力遭到质疑，这主要是由于过去 150 年来生理学研究的发展。对于一个随意的观察者来说，一个看似明显的事实是：我们需要某种非物理性的影响，与特定的意识力量和理性思考一起，来说明人类如何创造出精巧的言论并做出富有洞察力的决策。

> 仅凭一个物理体系似乎很难呈现出那些精微的人类行为。

> 这一点正是现代生理学研究所表明的。

关于大脑内部的变化和活动，我们现在已经有了相当多的认识。在 20 世纪上半叶，神经生理学家勾勒出身体的神经元网络，并且分析了导致神经元活动的电机制。自那时起，我们对于神经细胞的化学过程有了越来越多的了解，尤其是对神经细胞间彼此交流时所使用的神经递质分子有了更多了解。

不存在独立的心理原因

当然，这种复杂的生理学研究还有很多地方有待解释，尤其是要解释所有微小的部分如何相互整合起来并引导有理智的行为。但是生理学研究确实令人觉得，不可能存在特殊的精神力场。

> 如果有任何特殊的精神力潜藏在有理智的大脑深处，那我们肯定早就发现，它们对头骨内部具体的物质部分有所影响。

> 过去一百年的生理学研究并没有任何成果来证明存在着独立的心理原因。

在 20 世纪晚期的各种主张中，迄今只有少数观点倾向于否认物理学的因果完备性。20 世纪两位最著名的生理学家都捍卫这条路线：一位是诺贝尔奖获得者**埃克尔斯**（Sir John Eccles，1903—1997），另一位则是**斯佩里**（Roger Sperry，1913—1994）。他们坚持认为，有意识的心灵独立于大脑，并且有时候会对大脑的运行产生独立影响。

但是在 20 世纪末，很少有思想家还相信这一点。有人认为存在着独立的心理影响，这种观点或许一度受人推崇，但是反面的证据如今则占据优势。当然，现代物理学有可能弄错了它目前提出的那几种基本力。或许将来我们会发现，基本力其实不止三种——或者不到三种。

大脑中的微小物质（比如说神经递质分子）有时候可能会以某些正统物理学无法说明的方式加速运动。这个观点并非毫无逻辑。但它要是真的，那现代物理科学就很奇怪了。

量子非决定论怎么样？

在心灵得以产生物质性影响这一说法上，现代量子力学的非决定论难道没有产生漏洞吗？

根据量子力学的观点，很多物理事件（包括大脑中发生的事件）都不是被先在的物理原因**决定**的。先在的物理原因至多能够确定各种可能结果的**几率**，不过**爱因斯坦**（Albert Einstein，1879—1955）很讨厌这个观点。

"上帝不掷骰子！"

但是量子力学认为，事实就是这样的——哪些事件会发生，很多时候完全是个机遇问题。

不过，这种量子力学的非决定论并非真正对二元论有益。只要先在的物理原因确定了物理结果的发生**几率**，我们就依然可以将独立的心理影响排除掉。

为了论证方便，我们可以想象一下，独立的意识事件（比如有意识的决定）较量子力学所创造的非决定论的空间而言，确实能够更有效地影响大脑中神经递质的运动。因此可以假设，在此类有意识的决定发生之后，神经递质的运动将会更加频繁地发生。

不然的话，我们为什么要假设，有意识的决定首先会对神经递质有所影响呢？

但是现在看来，这就意味着物理原因终究无法确定几率。

上帝的骰子于是就成了被操控的游戏。而有意识的决定则承载了上帝的骰子。更平白地说，独立的意识原因会影响物理结果的几率。而这就会破坏从量子角度提出的物理学的因果完备性，会违背下面这条原则，即物理结果的几率仅仅由先在的物理原因来决定。像之前一样，这种可能性并不是毫无逻辑的。但是我们又一次看到，如果事实表明就是这样，那么现代物理科学就很奇怪了。

因果重要性

在面对物理学的因果完备性时，大多数当代二元论者都采取了一条不同的路线。他们仅仅承认，心理因素终究不能对物质世界产生任何因果影响。如果我们假定，我们有意识的感受和所遭受的痛苦、我们的希望和决定都能影响我们身体的运动，并由此而能够影响物理世界的其余部分，那这看起来也仅仅是常识而已。

但是当代二元论者准备承认这是一个幻觉。

由于没有任何空间使任何非物理性的因素得以影响物理结果，因此我们承认，有意识的心灵肯定"在因果上是不起作用的"。

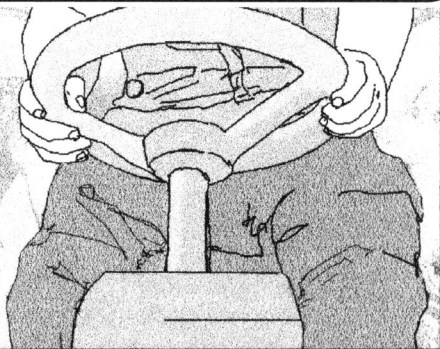

我们确实就像手握玩具方向盘的孩子。我们以为自己正在操控局面，但其实并非如此。

前定的和谐

17世纪，莱布尼茨发展了这个立场的一个早期版本。我们可以回想一下，莱布尼茨反对笛卡尔、主张物理世界具有因果完备性。他的结论是，心灵和物质不能真正地互相影响，而且身心交互的发生必定源自于**前定的和谐**（pre-established harmony）。莱布尼茨提出这个结论，意在说明，上帝肯定已经做好了安排，以确保心灵与物质始终保持同步。实际上，它们并没有交互作用，就好像两列火车各自运行在相互分离的轨道上。

但是上帝已经设定了它们的开始时间和速度，由此确保它们始终肩并肩地顺利运行。

在心理列车和物理列车上发生的各种活动与事件始终与对方保持同步。

上帝的计划确保了意识的决定总是能够导致恰当的物理运动，而坐在一枚图钉上总是会导致某种有意识的痛觉。

现代的附现象论

现代二元论者更喜欢采取一个更简单的方式来使心灵和物质保持同步。这种观点就是**附现象论**（epiphenomenalism），它并不要求有一个无所不知的存在者来提前制定计划。

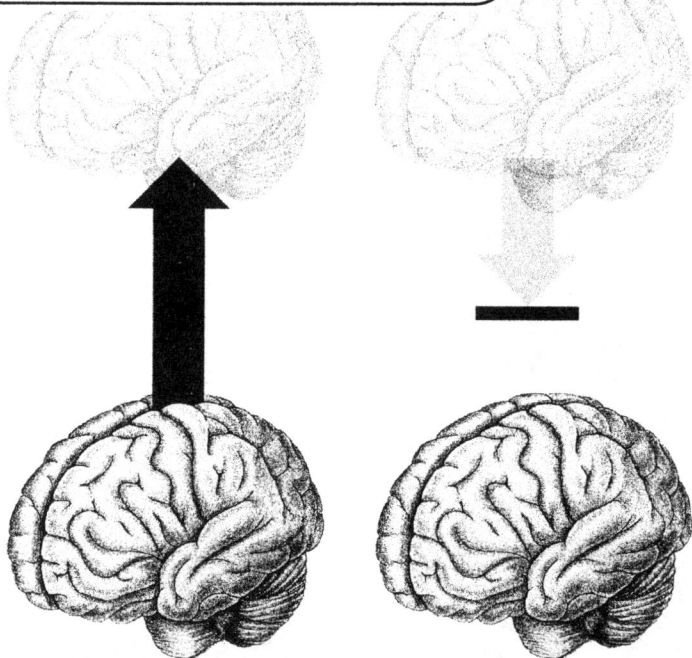

附现象论与"前定和谐"论的区别在于，它承认因果影响可以从大脑"向上"抵达心灵……

……但否认存在任何从心灵"向下"到大脑的因果作用。

这样就遵守了物理学的因果完备性：任何非物理性的存在都不能因果性地影响物理性的大脑，但它承认大脑自身可以产生有意识的作用，由此避免了莱布尼茨的理论所带有的神学复杂性。

根据附现象论，有意识的心灵就是大脑的某种"附现象"，是一种由大脑引起的"垂摆"似的不定因素，但是它无法反过来影响大脑。大脑只受先在的物理原因影响。即使大脑没有产生有意识的心理经验，其中的一切也都照常运作。而当这种经验出现，大脑确实产生了有意识的经验，但这不会对大脑的物理运作产生任何影响。

> 按照这种观点，其实只有一列物理列车，完全按照物理规律自主行驶。

心灵

不过同时，它会喷出阵阵非物质性的"精神烟雾"，后者在意识层面足够真实，但是对火车随后的运动没有丝毫影响。

附现象论的怪异之处

附现象论并不是一种特别有吸引力的立场。这种观点意味着（比如说）你在大热天里、在意识层面感觉到渴，但这完全不能让你做出打开冰箱找啤酒的行动。由于你"走到冰箱前面"是一个物理事件，所以这完全源于你大脑中的物理原因，而这种独特的、"渴"的意识并不能影响你的行动。

附现象论还导致了更令人惊讶的后果。如果有意识的精神状态不会对我们的行为产生任何影响，那就表明，即使我们是僵尸，我们也会持续做出相同的行为——即使我们大脑中的活动不伴有任何有意识的感受。

即使我们是僵尸，我们还是会继续和往常一样说话写字，因为"说"与"写"也都是物理行动。

对于有意识的经验，我们还是会继续提出同样的说法，就像现在一样。

但是根据假设，我们自身不会具有任何有意识的经验。我们这些僵尸的嘴巴仅仅是由相同的物理过程推动而发出声音，这些物理过程同样推动正常人的嘴巴发出声音。查尔莫斯非常生动地说明了这一点。他指出，僵尸查尔莫斯的活动就像真人查尔莫斯一样。

"他一直在讨论有意识的经验——事实上他似乎对此着迷。他花费了惊人的时间在电脑上奋笔疾书，一章接着一章地讨论意识之谜。他经常评论自己从某些感官感受性（sensory qualia）中获得的快乐，声称自己格外钟爱深绿色和紫色。他常常与僵尸唯物论者发生争论，论证说后者的立场不能恰当地处理有意识的经验的实在性。但他完全没有任何有意识的经验！"【查尔莫斯：《有意识的心灵》(The Conscious Mind)】

我是没有意识，但这不能阻止我不断地念叨它。

另一种选择：唯物论

我们很难接受附现象论的以下学说：我们有意识的经验完全不能引发我们的行为。这个观点在应用于言语行为时显得尤为荒谬，因为我们通常会把言语行为看成是在描述我们的有意识的经验。

那么，我们还有其他选择吗？

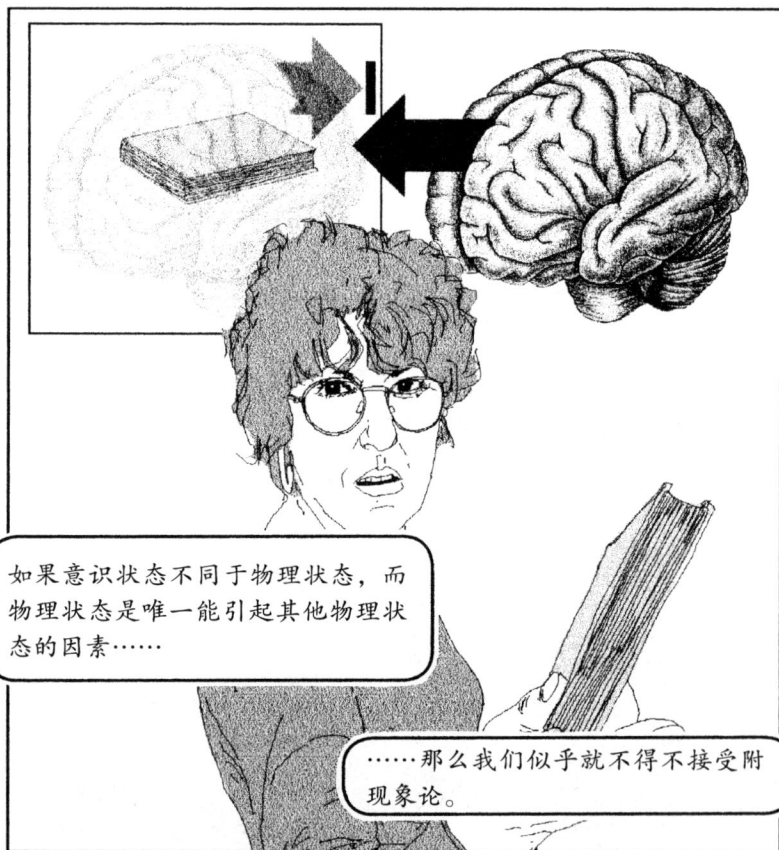

如果意识状态不同于物理状态，而物理状态是唯一能引起其他物理状态的因素……

……那么我们似乎就不得不接受附现象论。

在其他的选择中，最流行的做法就是一上来就先提出质疑：意识状态是否真的不同于物理状态？这就是**唯物论** (materialist) 的选择，其明显优势在于，它承诺让有意识的经验恢复其因果效力。

如果意识状态仅仅是物理性的大脑状态，那么这些大脑状态产生什么物理效果，意识状态也就产生同样的物理效果。我们也就不需要因为那些僵尸喋喋不休地讨论它们的经验而感到困惑。

所以，唯物论承诺要避免附现象论的各种缺陷。但是，唯物论真的是另一种选择吗？那我们之前提到的论证（来自克里普克和杰克森）又怎么说呢？难道它们不是旨在证明，意识状态必须与大脑状态相区别吗？如果唯物论被证明确实足以替代附现象论，那我们就需要重新审视以上论证。

唯物论不是消除有意识的经验

但是首先，有益的做法是将唯物论的观点说得再清楚一些。重要的是要认识到，通常的唯物论者并不想要取消有意识的经验。他们并不否认，某个东西处于痛苦之中就是具有某种感受，也不否认当我们坐在一枚钉子上时，就会产生不愉快的感受。

他们的主张仅仅是，这些感受与相关的大脑状态之间没有任何不同。

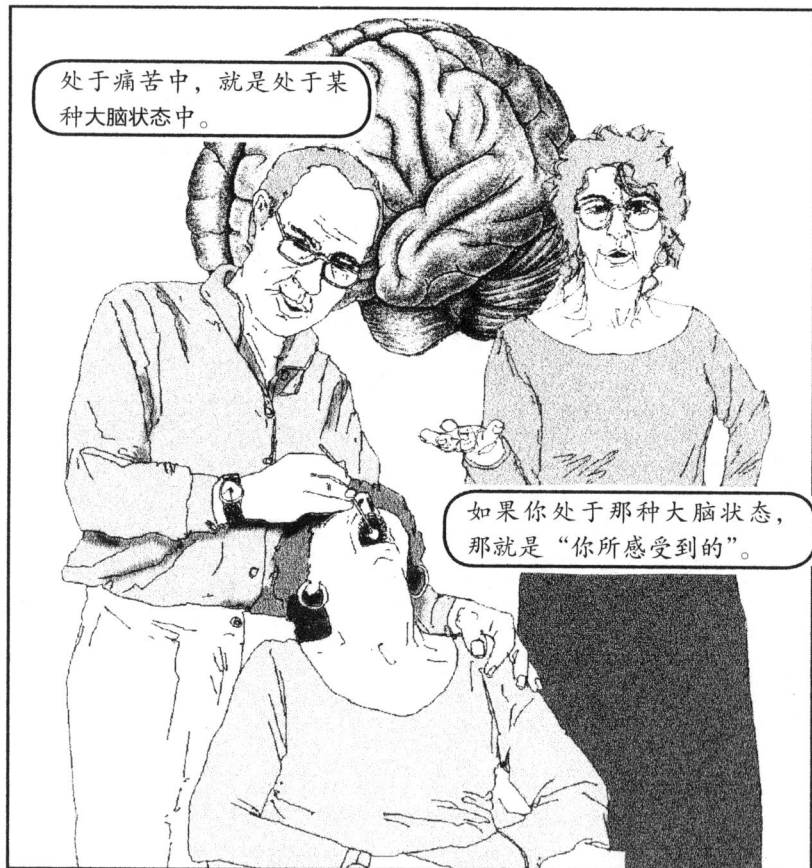

查尔莫斯用电磁理论支持其二元论，唯物论者同样可以诉诸温度来支持其观点。

温度的例子

在温度的例子中，物理学家采取了另一种方式。他们没有将温度作为实在的根本要素补充进来，而是用更为基本的力学量来解释它，即"**平均动能**"。

请注意，这种做法并没有将温度从我们的世界观中取消——就像"动物精神"（animal spirits）或"生命力"那样被取消。我们依然认为温度存在。

> 我们只是不将温度看作某种**平均动能之外**的东西，正如我们没有把电磁场看作是带电粒子运动**之外**的东西。

唯物论者认为，对意识来说情况也是一样。意识状态依然存在，但不是作为某种大脑活动之外的东西而存在。还原论者（reductionist）论证说，正如我们已经发现温度就是平均动能，我们也应该承认，意识状态（比如疼痛）就是特定的大脑状态。

功能主义的唯物论

唯物论者到底想要将哪种大脑状态与有意识的经验等同起来呢？**功能主义**的唯物论者【例如美国哲学家、心理学家**弗多**（Jerry Fodor）以及其他很多人】想要将有意识的经验等同于结构性的属性，而不是等同于严格的物理或心理属性。

我们可以回想一下，功能主义者将心灵等同于软件，而不是硬件或"湿件"。

就好像具有不同结构的电脑能够运行同一款软件程序一样，生理机能不同的生物也能共有同一种有意识的经验。

这就是为什么人和章鱼都能感觉到痛苦，即使它们在物理上迥然不同。

因为它们都能共有一种**结构**属性，即都处于**某种**源自身体伤害的物理状态中（尽管在不同的情况下处于不同的物理状态），并且都引发了一个躲避进一步伤害的欲望。

类似地，只要某种尚未发现的非陆生生物（具有某种完全不同的、以硅为基础的新陈代谢方式）也具有恰当的结构属性，那它们也能呈现功能主义者对于"处于痛苦中"的界定。

因此，功能主义将意识属性等同于结构属性。但是很多理论家认为这种做法是不可行的。

你的物质结构与你的具体感觉无关？这听起来很奇怪啊。

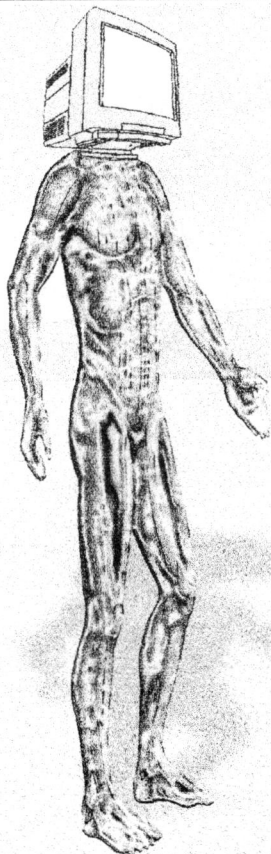

尤其是，这样电脑岂不是很容易就具有了意识？

让电脑具有意识?

　　原则上，我们可以构建（也就是编程）一个足够大的数字计算机，来实现任何类型的因果结构。这样我们就可以赋予其内在状态，这些状态在其中发挥因果作用，就像疼痛在我们身上发挥因果作用一样。对于情感、发痒以及对死后生命的思想所发挥的因果作用，也可以提出类似说法。

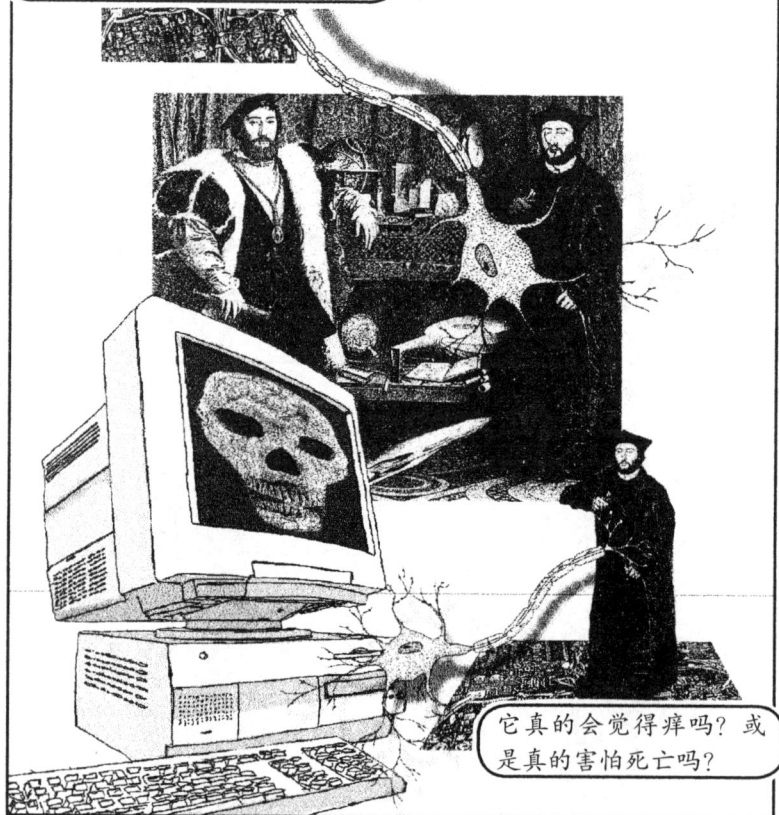

　　我们很难相信会有某种东西"像"电脑一样生活，哪怕它是用恰当的方式构造出来的。

而且别忘了，电脑由什么构成其实并不重要。你可能很喜欢这个想法：一台流线型的、超级棒的语音电脑有了意识，就像库布里克（Stanley Kubrick）执导的经典科幻电影《2001太空漫游》中那台超级电脑 HAL 一样。

但是你还需要问一下自己，如果同样的因果结构在一台老式电脑上实现了呢？

> 比如说那种由电子管和打孔卡构成的计算机。

> 甚至电子垃圾！

当然，我们或许可以在一种足够精巧的装置上实现同样的结构，比如像希思－罗宾逊（Heath-Robinson）*一样将旧啤酒罐和自行车轮结合起来的机械装置。它真的会有作为一架非金属机器的"感觉"吗？

---

* W. 希思－罗宾逊（1872—1944）是英国漫画家、插画作者和艺术家，擅长绘制各种复杂的、异想天开的机械装置。后来人们将那些极其复杂甚至不可能实现的机械装置都称为"希思－罗宾逊装置"。

图灵测试

英国数学家和现代电脑发明者**图灵**（Alan Turing, 1912—1954）相信，人类很快就能造出智能机器。为了支持这个猜想，他发明了"图灵测试"作为标准，来检测计算机有没有意识。

想象一下，你正在通过某种远程方式（比如传真或电子邮件）和某个存在者交流。你无法直接辨别自己是在跟一台机器说话还是在跟一个人说话，因为你无法看到对方。但是你能向它提问，讨论它的反应，等等。

> 你的任务就是确定，自己是不是在和人类交谈。

> 如果一台机器能够骗你相信它是人类，那它就通过了"图灵测试"。

图灵论证说，任何能够通过这个测试的事物都应该被认定具有和我们一样的意识。

但是对很多人来说，这一点显得很荒谬。一台电脑就算再复杂，又如何能够具有感受呢？一台通过图灵测试的电脑有可能只是在模仿有意识的心灵。

美国哲学家塞尔（John Searle）提出了"中文屋"论证，清晰地阐释了下面这个担忧，即电脑的特定构造是否足以令其具备有意识的心智（conscious mentality）。我们接下来将会讨论这个论证。

中文屋

塞尔想象有一个人坐在一个封闭的房间中。每隔一阵子，就有人从墙上的洞口递进一张写满各种弯弯曲曲的符号的纸。房间里的这个人于是去查一本厚厚的手册，并从中得知，如果进来某些特定的符号，那么就应该再传出去一张写有另一些特定符号的纸。

房间里的这个人不知道的是，这里所说的这些弯弯曲曲的符号全是手写体中文。

> 而且他在手册的指导下传出去的这些符号，一直都是对那些传进来的中文问题所做的正确的中文回答。

不过，房间里的这个人显然不懂中文。从他的角度来看，这些弯弯曲曲的符号都是没有意义的，而他只是不明就里地遵照手册的指示行动而已。

但是要注意，房间里的这个人的所作所为，正是一台安装了良好程序的数字计算机所做的。他是在以一种因果上系统化的方式、用恰当的输出来回应输入。

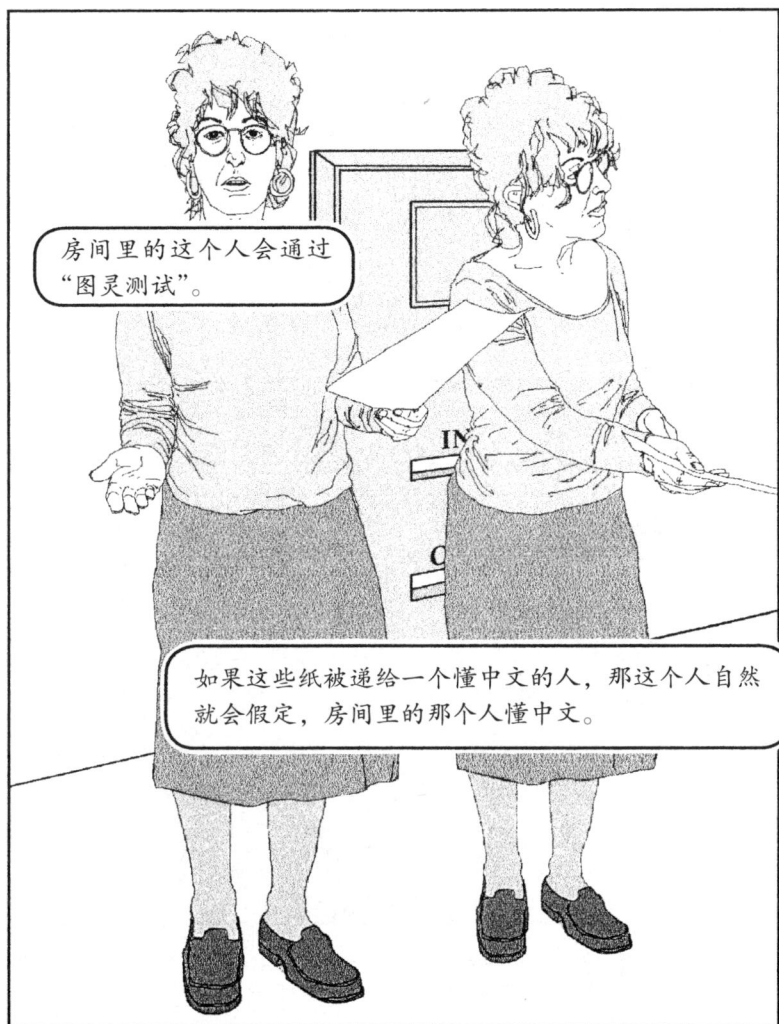

房间里的这个人会通过"图灵测试"。

如果这些纸被递给一个懂中文的人，那这个人自然就会假定，房间里的那个人懂中文。

不过这依然是个错误的假定。所以图灵测试似乎也无法确保通过者真的就是一个有意识的心灵。它可能会错误地将意识的表面*显现*当作真实的存在。

语言与意识

严格说来，"中文屋"论证意在反驳的是对语言理解的功能主义说明，而不是对意识的功能主义说明。不过，"理解某种语言"依然是一种**意向性**的（也就是表象性的）概念，而意向性（intentionality）和意识联系紧密，我们后面会看到这一点。

塞尔本人肯定会认为，理解语言要求有意识的经验。

所以"中文屋"论证不仅能挑战对于语言理解的说明，而且足以挑战对意识的功能主义说明。

并不是所有的功能主义者都向"中文屋"论证低头。他们指出，关键问题不在于屋子里的人是否理解这些文字（他显然不理解），而在于整个系统是否理解这些文字。毕竟，人们假定"中文屋"是用来确定整个电脑都没有意识，而不是每一个构成元素没有意识。

即使是那些认为电脑有意识的人，他们也不认为其中的每一个晶体管都是意识的中心。

功能主义者观察到，不仅如此，任何能够回答所有那些中文问题的"中文屋"大概都需要各种不同的传感器、机械眼和机械耳，以便更新有关当下环境的信息。然而即使是这样，下面这一点似乎就不再是显而易见的：系统并不知道它在说什么，比如说，它并不知道"雨"这个汉字代表什么。

功能主义的极端恐惧症

不过我们暂时先搁下"中文屋"问题。因为我们还有一个更根本的理由不去赞成功能主义者将意识状态和结构状态加以等同的做法。

别忘了，唯物论的独特卖点就在于，它承诺要恢复意识状态的因果力。通过将意识属性鉴定为大脑属性，我们希望能够矫正与附现象论相关的、因果层面上无作为的问题。

但是如果我们将意识属性鉴定为*结构属性*，而不是鉴定为那些更实际的生理状态（它们在不同的有机体中都能实现上述结构），真的就足以矫正这个问题吗？

毕竟，大概是特定的人类神经递质在我的神经突触之间的传递，才会引起我的手臂肌肉收缩。

而不是某些我和章鱼都具有的、更加抽象的结构属性引起我的手臂肌肉收缩。

这一忧虑令很多晚近的功能主义者染上了"恐惧症"。这种恐惧（也是过分理性了）主要是在担心，功能主义可能会不知不觉地像附现象论那样，也将精神状态判定为因果上的无作为。

功能主义者将人类的疼痛鉴定为某种我们与章鱼都具有的结构属性。这种结构属性肯定不同于任何具体的生理属性，因为人和章鱼具有不同的生理结构。

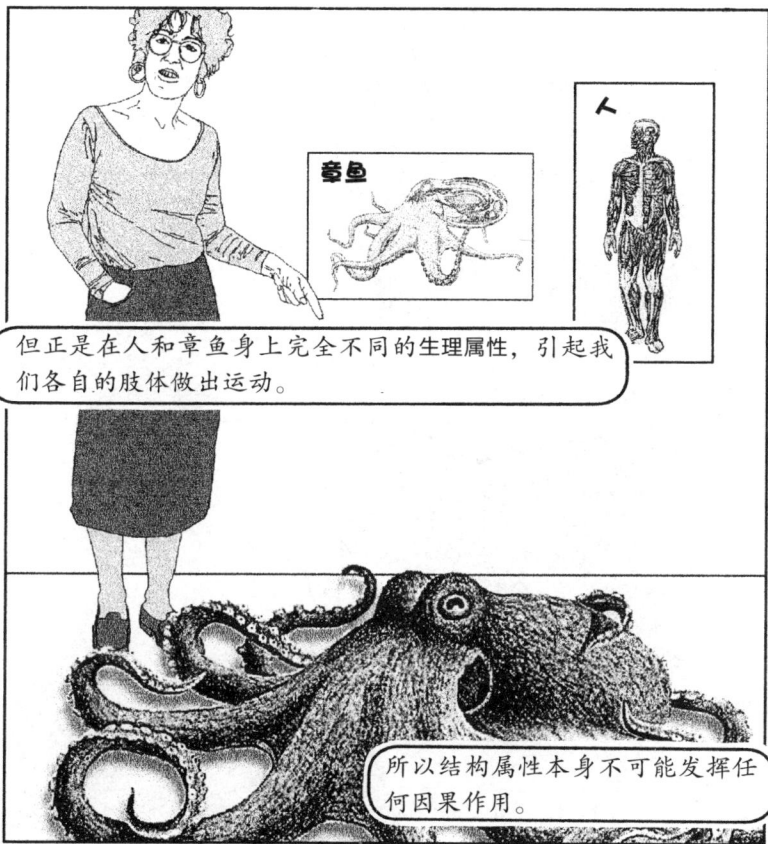

章鱼

人

但正是在人和章鱼身上完全不同的**生理属性**，引起我们各自的肢体做出运动。

所以结构属性本身不可能发挥任何因果作用。

因此，功能主义者看来最终还是和附现象论站在同一立场，将疼痛自身看成像是一团烟雾一样的东西，由具备真实因果性的一系列前后相关的事物发出，但其自身并不具有因果效应。

作为"湿件"的精神状态

　　上面说到的这种恐惧症已经令近来很多唯物论的心灵哲学家放弃了功能主义，转而将痛苦和其他精神状态直接鉴定为生理状态。精神状态毕竟是硬件，或者至少是"湿件"，肯定不是软件。

> 这种转变还有一个优点，可以封堵"中文屋"以及其他反"软件"的论证。

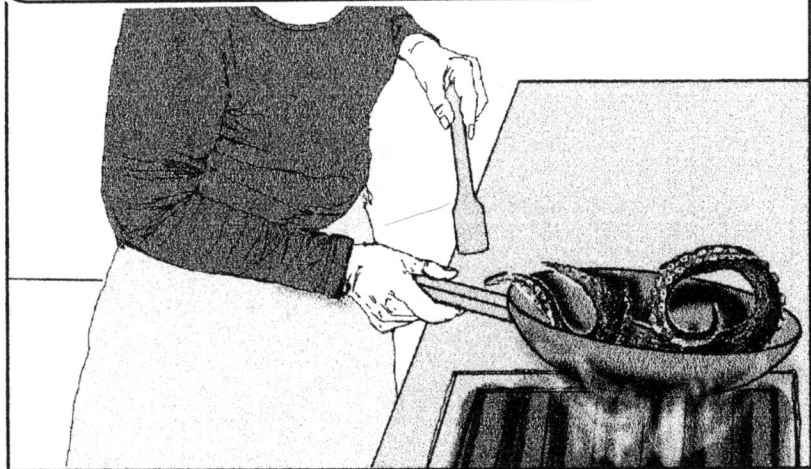

　　如果唯物论者不再将感受鉴定为结构性的软件属性，而是特定类型的"湿件"，那他们就可以忽略那些用于表明软件自身无法确保意识的论证。

人类沙文主义

然而，反对功能主义的这种反应也有代价。唯物论者如今似乎是在主张某种**沙文主义**，因为他们认为，具有不同生理结构的存在者无法具有和我们一样的感受。而功能主义最初的吸引力之一在于，它承认不同物种都可以具有感受。

> 章鱼也可以和人一样具有疼痛感。

> 但是一旦我们将人类的疼痛看作"湿件"，而不是软件，那么这种可能性就被排除了。

不过，唯物论者或许也可以接受这一点。他们并不是非要否认，章鱼具有任何类型的不愉快感觉。他们现在只是在区分章鱼的痛感和人的痛感。这样来解释的话，看起来就不那么疯狂了。将人的疼痛和章鱼的疼痛加以区别，如果是为了保留它们在因果层面的影响力，那似乎也没什么问题。

勇敢面对二元论论证

所有类型的唯物论者依然需要面对克里普克和杰克森所发展的二元论论证。在这种语境下，唯物论者是将心理属性鉴定为结构属性还是生理属性，这并不重要。无论怎样，他们都受到了二元论论证的压力。

别忘了，克里普克提出的僵尸在其有思想的原件上既有结构属性，也有生理属性，但是缺少有意识的属性。

与此类似，玛丽知道与人类色觉有关的所有结构属性和生理属性。

但是我并不知道有意识的经验本身。

所以，唯物论者是选择结构属性还是生理属性，这并不重要。这两种唯物论都受到了克里普克和杰克森论证的威胁。

不过，唯物论者还是有办法回应的。他们可以说，克里普克和杰克森只是在**概念**层面建立了差别，而不是在**属性**本身的层面建立差别。唯物论者将会承认，我们有两种不同的方式来思考心理属性：我们可以将它看成是有意识的，也可以将它们看成是物质性的。但是唯物论者会否认这种观点：实际上存在着两种属性，而不是用两种方式来看待的同一个属性。

想想这种情况：一个人有两个名字。

HOLLYWOOD'S ONLY OFF GUARD ALL PICTURE MAGAZINE

电影人生

AUGUST 10¢

JUDY GARLAND in WIZARD OF OZ

你可以把我看成茱迪·嘉兰（Judy Garland），也可以看成弗兰西丝·古姆（Frances Gumm）。

我们有两种"想"的方式，但这并不意味着我们想到的是两个人。

我们再看一下温度和平均动能的例子。孩童一开始被教会按照温度来
理解热量的程度。当他们学了一些科学知识，可能就会将其看作平均动能。
这是两种理解方式，但实际上只有一个量。

这就是唯物论者处理玛丽的例子时所采取的方式。他们会承认，当玛
丽第一次走出大门时，确实存在着一个"之前—之后"的差别。但是他们
会说，这只是玛丽获得了一个新的"看见红色"的概念，只是她思考经验
的一种新方式。

今天的平均动能是 25 摄氏度。

啊，一朵红色的玫瑰……

现在，玛丽已经真正看见了红色，她可以想象它。在此之前，她无法
做到这一点。

但是这并不意味着，在她拥有这种经验之前，她完全无法理解它。她现在可以用想象的方式加以设想的，依然是她从前用科学的方式加以设想的同一种经验。

唯物论者将会对克里普克做出一个与此相关的回应。

若能用两种概念来设想经验，那么，我们会感到困惑，进而认为僵尸是可能的——即使它们并不可能。

两种概念的存在令我们认为，我们可以描述一个既**拥有**又**没有**经验的存在者。

我们用自己关于结构属性和生理属性的这两个概念来建立一个基本观点，即僵尸在功能上和物理上都与正常人相同。然后我们自己用关于经验的**想象性概念**（imaginative concepts）来否认僵尸具有意识。但是我们实际上是在假设一个矛盾。既然意识属性就是物质性的属性，那么僵尸就是不可能存在的。

僵尸是不可能存在的

在唯物论者看来，克里普克就类似于这样一个人：他认不出茱迪·嘉兰和弗兰西丝·古姆其实是同一个人，并坚持说，其中一个女人可以在某个地方存在，而另一个则不在那里。或者说，他就类似于一个尚未获得充分教育的学生，以为两个气体样本有可能处于同一个温度，却同时具有不一样的平均动能。这些看起来是可能的，但其实并非如此。

唯物论者强烈主张，僵尸的例子也与此类似。它们看起来是可能存在的，其实不然。

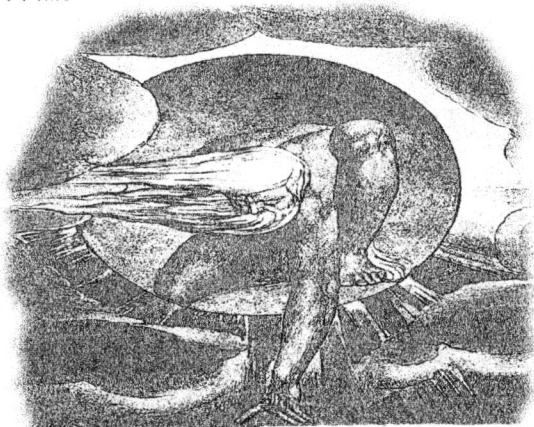

甚至连上帝都不可能造出僵尸。

从二元论者的观点来看，即使当上帝已经造好了我们的物理身体，创造也并未完成。他依然需要赋予我们感受。所以，他本来可以（如果他愿意的话）就此打住，不引入各种感受，让我们像僵尸一样。

上帝完全没可能在造出僵尸的时候就收工。只要他确定了身体各部分，他随即就会确定感受。甚至连全能的上帝都造不出一个没有任何感受的身体。

意识之谜

唯物论者的这条路线不能说服所有人。将心灵和大脑等同起来，其合理性远不如将茱迪·嘉兰和弗兰西丝·古姆等同起来，或是将温度与平均动能等同起来。

如果我们有以下证据，即茱迪去哪里，弗兰西丝就去哪里；以及平均动能和温度具有同样的因果功能，那么任何一个有感知能力的人都会承认，上述事物都是等同的。但是对于心灵和大脑来说，情况似乎就不一样了。

或许对颜色的经验总是伴随着视觉皮质（visual cortex）的特定区域的活动。

但是仅凭这一点就推论说意识经验等同于大脑活动，则是荒谬的。

英国哲学家科林·麦金（Colin McGinn）是那些认为这种等同完全不可能的人之一。"色彩斑斓的现象怎么可能从沉闷的灰色物质中产生呢？"他问道。对麦金来说，将我们对于明亮色彩的鲜活意识，仅仅看成是神经元在我们的凝胶状大脑深处的燃烧，这是一种无知的观点。

还有很多哲学家同意麦金的怀疑，其中包括托马斯·内格尔（还记得蝙蝠的例子吧）。虽然内格尔能够理解人们想要将心灵等同于大脑的理由，但是他论证说，我们无法设想这二者*如何*能够是同一的。

同时，这些反唯物论的哲学家不想回到二元论。

他们承认，一个独立的、非物质性的意识状态领域可能对物质完全缺乏因果效力，因此，二元论无法避免附现象论的荒谬之处。

神秘主义立场

由于上述困境,他们得出结论,认为意识问题超出了人类理解的范围。对我们来说过于困难,无法解决。我们无法将自身理解为某种介乎意识存在物和物理存在物之间的东西,但也无法缺少其中任何一个(除非我们承认,精神在因果上没有效力)。这是一个谜。"神秘主义"的哲学家提出,我们缺少恰当的概念来理解这个问题。我们关于精神和物理的概念过于粗糙,对于心—身关系无法产生真正的洞见。

我们之所以无法理解意识,原因或许就跟猴子无法做微积分一样。

一种神秘主义的推测

　　麦金本人并不惮于推测我们可能缺少什么样的能力。他提议说，在大爆炸之前，实在（the reality）可能一直都是非空间性的。随着大爆炸的发生，空间得以产生。

或许意识就是非空间性的实在从那个早期时代的复苏。

　　一旦大脑进化到足够复杂的程度，非空间的维度就得以作为意识而在现代世界中重现，意识就是大爆炸发生之前的、某种非物质性的化石。

特殊的意识概念

麦金的这种奇思怪想是必要的吗？唯物论者会反对说，神秘主义者投降得太快了。他们并未向我们提供任何充分的理由来说明为什么要固守心灵—大脑的这种同一性。最终，他们的案例所依据的不过是对以下观念的空洞怀疑："沉闷的灰色物质"可能构成了"五彩斑斓的现象"。

当然，唯物论者可以同意，心灵—大脑的这种等同关系是极其反直观的。

> 与其他的同一性相比，这种同一性更难令人相信。

> 人们继续反对这种观点，哪怕有任何证据表明，心灵和大脑总是同时出现。

不过，唯物论者或许能够提供一个解释，来说明为什么心灵—大脑活动看起来就是这么反直观，即使它是真的。他们可以诉诸特殊的想象性概念，当我们将精神要素看作有意识的东西时，会用到这些概念。

这些想象性概念就类似于玛丽在离开她那幽暗的房子、第一次看见真正的红色时所获得的概念。她获得了此前缺乏的能力，能够通过在自己的想象中重新创造经验来思考这种经验。这是一种思考有意识的经验的特别生动的方式。这也是为什么相形之下，其他用以思考意识状态的方式看起来都十分贫乏。根据唯物论，色觉就是视觉皮质的活动。但是我们既可以将其**看作**皮质活动（"沉闷的灰色物质"），也可以通过**重演**这种经验来理解它（"五彩斑斓的现象学"）。

　　这样一来就很自然了：当我们用前一种方式理解它的时候，我们感觉到自己是在以某种方式略去经验本身，因为我们并没有重演经验。

这并不意味着，皮质观点（"沉闷的灰色物质"）与想象性理解涉及的不是同一个东西。

我们完全有理由认为，这两种概念指的是同一个东西。

　　我们不该任由自己被特定的事实分心，从而偏离上述合情合理的结论，这个事实是：我们有一种特殊的方式来思考有意识的经验，这种方式就是加以重演。

每人都想要一套理论

至此，对于心灵—大脑关系的讨论已经进入了一个非常抽象的层面。我们已经问过，有意识的心灵是否等同于大脑（唯物论），或者它是否构成了一个额外的实在领域（二元论），或者整个问题是否过于困难、无法理解（神秘主义）。

但是我们尚未停下来去追问，大脑的**哪些东西**可能与意识相连。确切地说，大脑的哪些部分产生了有意识的经验？很明显，并不是大脑的所有部分都能产生有意识的经验。在大脑中，也有很多不具备相应意识的部分，从荷尔蒙分泌物到呼吸调节都是如此。

我们需要一套**意识理论**。

> 这样一种理论将会告诉我们，意识的要件是什么。

> 它会区分产生意识的大脑活动和不产生意识的大脑活动。

> 运气好的话，这样一种理论应当能够告诉我们，哪些动物是有意识的。

多少有些奇怪的是，对这种意识理论的探索不受你的立场影响——无论你是唯物论者、二元论者甚或是神秘主义者。无论你采取哪一种形而上学立场，你依然会对下面这件事感兴趣：找出那些足以产生意识的物理过程。

当然，唯物论者想要将现象意识**等同于**物理过程；而二元论者会把意识理解为某种**额外的**、伴随着物理过程的东西；而神秘主义者会说，这个问题**太难了**，无法理解。

但是对于那些正在形成中的理论来说，上述分歧并没有实质影响。无论何种形而上学主张，其目的都在于鉴别出那些产生意识的大脑过程。

诚然，支持"意识理论"的人自己并不总是很清楚，他们的思考用的是唯物论的、二元论的还是其他的术语。

不过我们也不必大惊小怪，因为对意识理论的探索可以不必涉及在唯物论、二元论和神秘主义之间进行选择。从现在开始，我将忽略形而上学的争论，而集中于他们共同的理论抱负，即鉴别出那些产生意识的物理过程。

神经振荡

很多来自不同领域的科学家目前都在追寻意识理论这个"圣杯"。其中一位就是 DNA 的发现者之一、诺贝尔奖获得者、生物化学家弗朗西斯·克里克（Francis Crick）。克里克与心理学家克里斯托弗·科赫（Christof Koch）一起提出了一套理论，由此表明意识的关键在于，位于视觉皮质的、振幅为 35—75 赫兹的神经振荡的撞击模式。

根据克里克和科赫，这些振荡就是大脑对于"捆绑问题"（the binding problem）的解决方案。

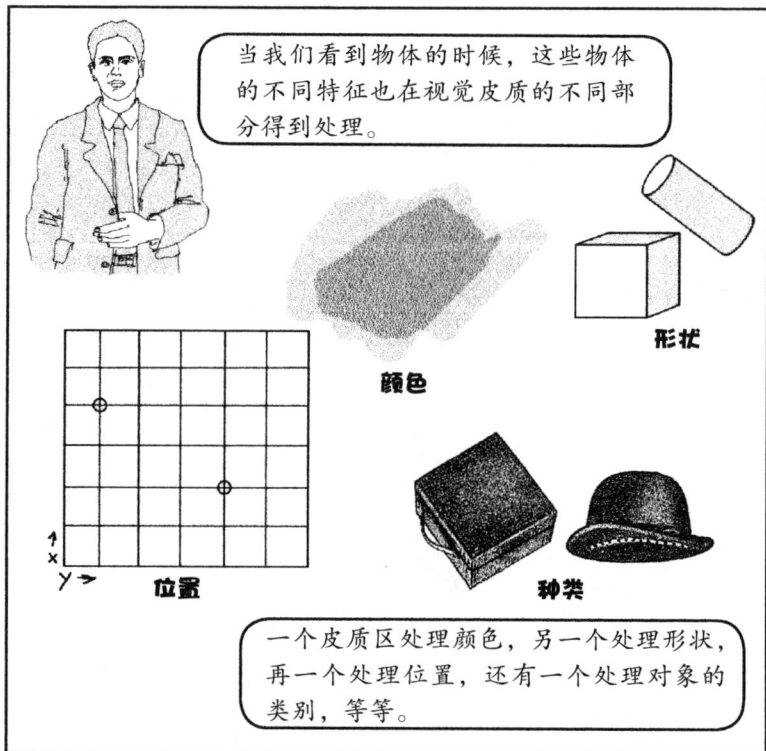

> 当我们看到物体的时候，这些物体的不同特征也在视觉皮质的不同部分得到处理。

形状

颜色

位置

种类

> 一个皮质区处理颜色，另一个处理形状，再一个处理位置，还有一个处理对象的类别，等等。

因此，如果你看到左边有一个立方体的绿盒子，右边有一顶圆柱体的红帽子，你就会将红和绿归入**颜色**区域，立方体和圆柱体归入**形状**区域，左和右归入**位置**，盒子和帽子归入**种类**。

这就产生了一个明显的问题。我们如何再将左边的立方体绿盒子"捆绑"回去呢？如果我们想要得到的不仅仅是一种关于红和绿、左和右的无结构意识，看来就得想办法将"立方体"与"绿色"、"盒子"及"左边"这些特征（而不是与"红色""帽子"和"右边"）再次合为一体。

这时候"振荡"就发挥作用了。一个物体的不同方面都和脑电波有关，后者也以同样的频率处于 35—75 赫兹范围内，并且与之同步（波峰和波谷同时发生）。其他物体的不同方面也与此类似，关系到捆绑在一起的脑电波，但是具有不同的频率和相位。由此，这些信号波就令大脑得以保存那些为了构建我们对物体的视觉觉知而必须捆绑在一起的视觉特征。

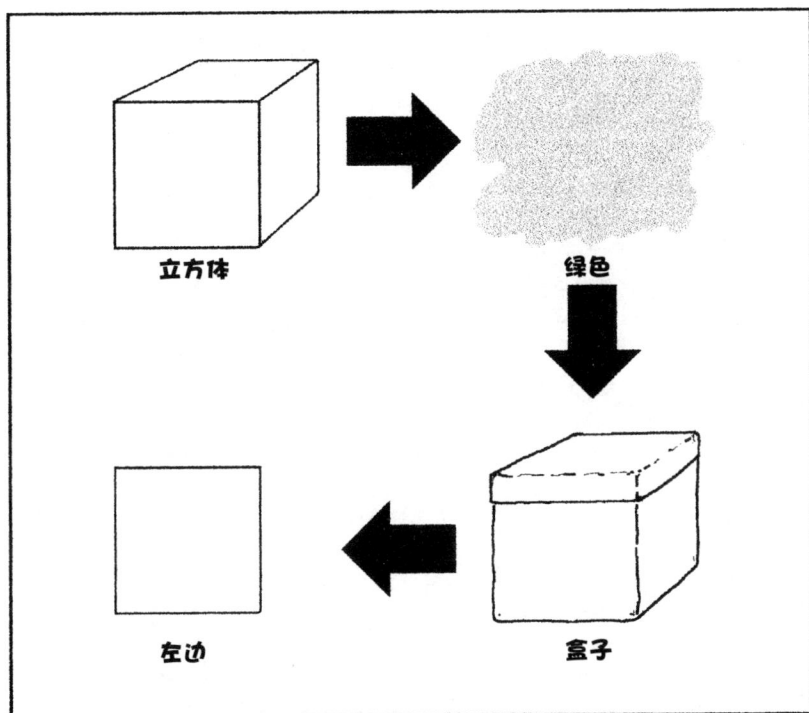

立方体

绿色

左边

盒子

更一般地说，克里克和科赫论证说，这些捆绑在一起的振荡是视觉觉知的"神经关联"。根据他们的理论，正是脑电波的这种整合功能说明了我们的有意识的视觉觉知是如何产生的。

神经达尔文主义

美国生理学家杰拉尔德·埃德尔曼（Gerald Edelman）是另一位杰出的诺贝尔奖获得者，他转向意识的研究，一直持续到职业生涯的最后，希望能为自己之前取得的一系列成就添上最后也是最辉煌的一笔。

埃德尔曼从"神经达尔文主义"的角度来看待大脑。

> 大脑一开始带有过多的神经连接。那些没有接受神经刺激的神经连接就逐渐枯萎和衰亡了。

> 对人来说，我们一开始所具有的神经元有 70% 在不到 8 个月大的时候就消失了。

根据埃德尔曼，这种神经进化导致了一个相互连接的神经"地图"系统，其中每个地图各自负责视觉及其他感知的不同方面。当大脑受到新的刺激，很多不同的地图就会被激活，并且开始互相发射信号。

再入式回路

　　埃德尔曼将这种类型的互联活动称为"再入式回路"（re-entrant loops）。这些"再入"的神经环路随着经验的累积而持续进化，而神经元之间的连接则受到进一步的神经自然选择的支配。

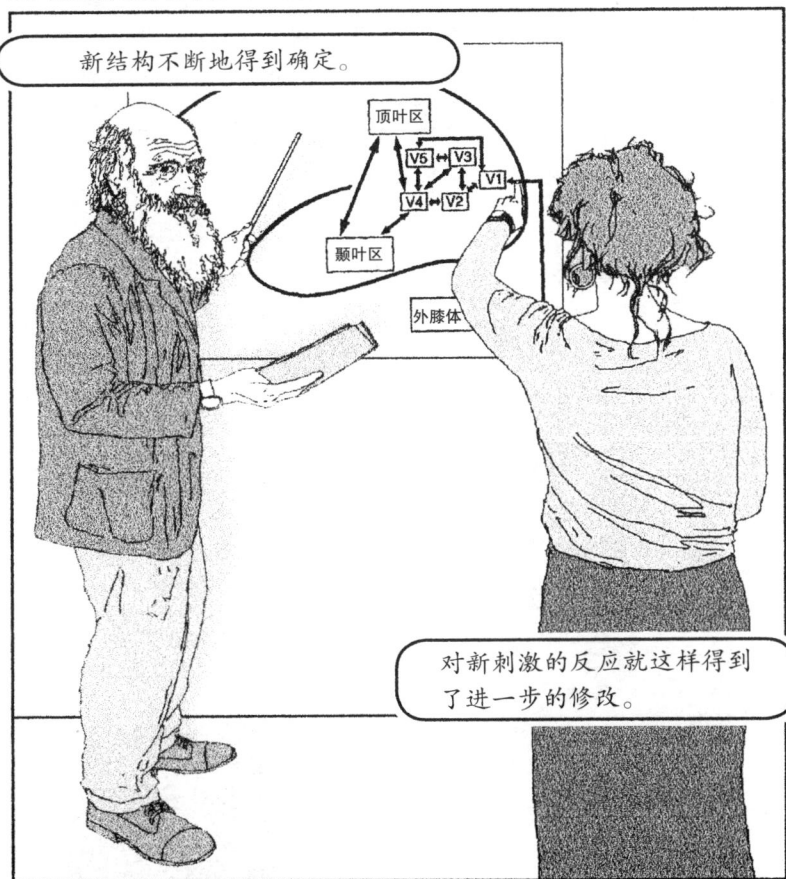

新结构不断地得到确定。

对新刺激的反应就这样得到了进一步的修改。

　　埃德尔曼将这种再入式回路的进化结构看作意识觉知的基础。各个地图之间的联系构成了记忆的形式，而这形式有助于对输入信息进行感知分类。埃德尔曼论证说，再入式回路对于思考、推理以及行为控制也有部分作用。

进化与意识

　　说到达尔文，他所提出的、通过自然选择而实现的物种进化的一般理论似乎可以为我们研究意识而提供一些有益的启发。

　　对某种遗传特征的进化目的加以考虑，这种做法通常有助于我们更好地理解该特征。一旦我们得知，心脏的进化目的就是供血，或者（比如说）唾液的进化目的就是帮助消化食物，那我们就能更好地理解这些遗传特征。

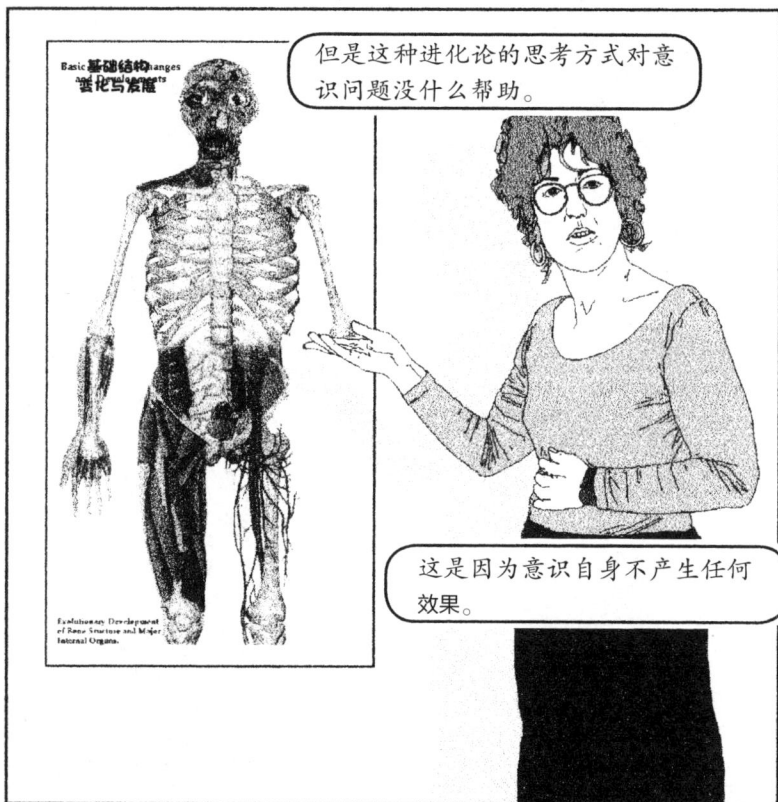

　　唯物论者和（附现象论的）二元论者都一致认为，除了那些无论如何是由大脑产生的效果之外，意识属性并不产生任何身体性的效果。

不过，进化论的理解也可以换算成实际影响。鉴别出某种遗传特性的进化目的，也就是鉴别出某种有利于物种存活的影响。

> 我们现在之所以都有心脏，是因为心脏供血对我们祖先有利。

> 我们现在之所以会流口水，是因为流口水有助于我们的祖先消化食物。

> 这就意味着，进化并不是要说明，为什么特定的大脑过程（而不是其他的大脑过程）会产生意识。

如果除了那些确实由大脑过程引起的效果之外，意识真的额外具有某种促进存活的效果，那么进化论也只能说明这一点。但是意识并没有任何此类效果。我们的祖先并不是因为大脑过程产生了意识而存活下来。就算他们是僵尸，他们也可能存活下来。不管怎么说，他们的大脑完全可能产生同样的物理效果。

意识的目的

当然，唯物论的心灵哲学家将意识**等同**为特定的大脑过程，他们会主张说，意识确实在某种意义上产生效果，也就是由那些大脑过程所产生的效果。因此，在某种意义上，唯物论者可以将生物学目的归因于意识。

但是请注意，甚至对于这样的唯物论者来说，这也无法帮他们确定，哪些大脑过程首先产生意识。

大脑中的很多不同活动都是自然选择的产物，而自然选择就产生了有助于物种存活的效果。

但是并非所有的大脑过程都是有意识的。

唯物论者要想了解**意识**的进化目的（而不是其他的大脑活动），他们首先必须了解，哪些大脑活动构成了意识，哪些不构成意识。在进化论能告诉他们任何有关意识之目的的事情之*前*，他们需要一套意识理论。所以，诉诸进化只能让他们在原地兜圈子。

量子坍缩

我们还有一个颇具推测性的方案，即确实认为意识自身能产生影响。这个观点将意识和量子现象（quantum phenomena）联系在一起，尤其是和量子波函数（quantum wave functions）的"坍缩"联系在一起。

量子力学是一种非常奇怪的理论。非决定论（"上帝玩骰子"）只算得上有一点点奇怪。

诚然，在量子力学中，很大一部分完全不是非决定论的。

在大多数情况下，量子力学用波函数来描述物理系统，波函数是按照决定论的方式演化的，与我的方程相一致。

$$\frac{\partial^2 \psi}{\partial x^2} + \frac{8\pi^2 m}{h^2}(E-V)\psi = 0$$

薛定谔
(Erwin Schrödingger, 1887—1961)

在这个方面，量子力学类似于此前物理学中的经典力学，其运动规律告诉我们，一切粒子系统的位置和速率是如何在时间进程中以决定论的方式进行演化的。

量子物理学的独特性何在？

其独特性在于，量子波函数不会**指定**一般而论的位置和速度，但是当我们进行"测量"时，粒子的**几率**最终会具有特定的位置和速率。

> 量子力学真正的怪异之处并不在于它的非决定论，而是在于它并没有对这种"测量"提出真正的解释。

测量以某种方式使得量子波（它们按标准可以有各种不同的位置和速度）以非决定论的方式"坍缩"为确定值。

然而，这种变化并不是由薛定谔方程所预测的。关于应该如何正确理解它，这是一个极富争议的问题。

薛定谔的猫

　　围绕着"薛定谔的猫"的著名思想实验更为生动地呈现了这个问题。可怜的猫被关在一个密闭的箱子里，同时放入一个毒气装置。该装置按照特定方式组装而成，于是，如果一把电子枪发射出一团电子火，击中一块可感探测器屏幕的上半部分，该装置就会放出毒气；但是如果击中屏幕的下半部分，则不会放出毒气。

电子枪的射击目标是不确定的。

毒气

　　这整个物理系统的波函数令电子击中屏幕的上半部分和下半部分的几率相等。所以猫的命运在波函数"坍缩"之前都是不确定的，而且是由电子击中屏幕的那个部分来决定的。

但是这一切会在何时发生呢？波函数何时坍缩呢？事情何时才能变得确定？电子何时会击中屏幕？猫何时会吸入第一口毒气或空气？或者猫什么时候会死？还是会活下来？薛定谔方程本身没有给出答案。它只是乐意将猫看成某种非确定的、生与死的"叠加态"（superposition），正如它将电子看作某种向上和向下轨迹的"叠加态"。

在某一时刻，事情看来必定会变得确定。但是物理学本身不能告诉我们在什么时刻。

量子意识

有一个大胆的观点认为，量子波只有在与意识相互作用时才会坍缩。一个事物只有被某个**有意识的观察者**所感知时，才是确定的。如果这个观点是正确的，那么除非某个有意识的观察者打开箱子往里看，否则薛定谔的猫就既没有明确地活着，也没有死去。当然，除非猫自己具有意识。在这种情况下，一旦事物进入猫的意识，它们就会变成确定的。

没错，就看我什么时候闻到毒气。

毒气

猫你懂的，我对这个说法很熟悉。早在18世纪我就说过了，"存在就是被感知"。

有些人很喜欢对量子力学的这种解释，美国物理学家亨利·斯塔普（Henry Stapp）就是其中之一。斯塔普论证说，当有智慧的大脑在可供取舍的量子可能性中选出一个作为未来行动的基础时，量子波就会发生坍缩。

对斯塔普来说，对量子力学的这种解释同时也是一种意识理论。确切说来，正是量子坍缩所涉及的那部分大脑构成了意识。

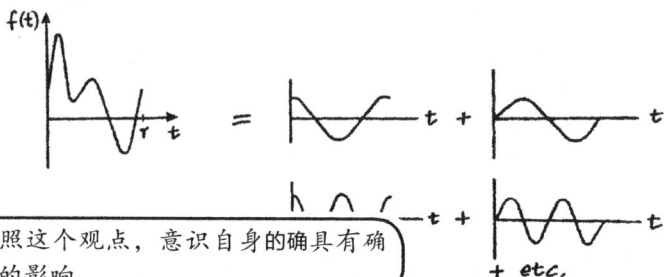

一次有意识的观察可以确保猫的命运变得确定，但是上帝的骰子依然决定了是什么样的命运——猫最后是活着还是死了。斯塔普论证说，这种因果效力令意识得以为某个生物学目的服务。它的作用在于消除其他实在，并由此令我们能够更好地规划自己的行动。

量子力学的另一重联系

另一位将意识与量子力学联系起来的思想家是罗杰·彭罗斯（Roger Penrose），他是牛津大学罗斯·堡讲席数学教授。彭罗斯认为，意识与细胞骨架微管（cytoskeletal microtubules）中的活动有关，细胞骨架微管也就是为活细胞（包括大脑神经元）提供支架的圆柱形蛋白质结构。

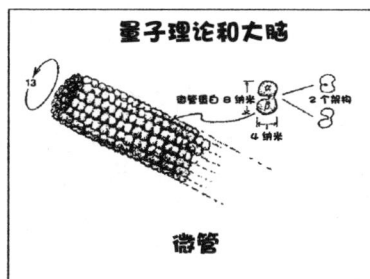

量子理论和大脑

微管

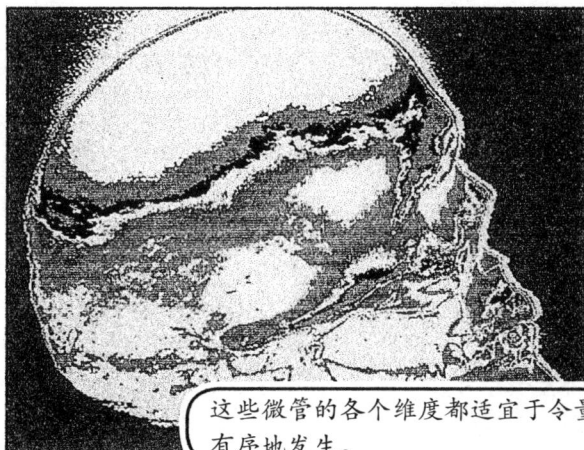

这些微管的各个维度都适宜于令量子坍缩有序地发生。

关于量子坍缩，彭罗斯有一个与斯塔普非常不同的论证路径。他提出，引力效应可能是导致坍缩的原因。微管的作用在于输送量子波，直至其达到坍缩的引力临界值。

量子坍缩和哥德尔定理

因此，对于彭罗斯来说，意识并不是激发量子坍缩的独立原因。相反，它只是这种量子坍缩在我们的心灵中**呈现**自身的方式。

哥德尔（Kurt Gödel，1906—1978）关于算术不完备性的著名定理在彭罗斯的理论中也发挥了作用。哥德尔定理表明，任何公理系统都不足以产生算术的一切真命题。根据彭罗斯的看法，这表明了人类心灵必然以某种方式具备"非算法"（non-algorithmic）能力，足以超越公理和规则。

并不是所有的逻辑学家都同意这个推断，但这并未阻止彭罗斯提出以下观点：意识的非算法性来自它与量子力学的联系。

即使我们不考虑哥德尔定理，也还有其他人对意识和量子力学之间的这种假定关联提出质疑。批评者们指责斯塔普和彭罗斯这样的思想家，说他们无非是在用一个谜团来覆盖另一个谜团。

意识无疑是一个理论之谜。

对量子力学的这种解释也很令人困惑。

但是我们没有明确的理由来假定，这些谜题都有同一个来源。因此也就没有理由假定，其中一个问题的解决方案也会解决另一个问题。

全局工作空间理论

其他的当代理论家将意识鉴定为那些在人类认知过程中发挥关键性的沟通作用的状态。美国心理学家伯纳德·巴尔斯（Bernard Baars）提出了一种意识的"全局工作空间"理论。

巴尔斯主张，人脑中有大量独特的认知信息处理系统，其中包括各种各样的感知、想象、注意及语言模式。大脑的这些子系统各自都有需要完成的任务，而且其中很多处理过程都是在意识层面下发生的。

这些不同的子系统偶尔会将自身的某些信息带入"全局工作空间"。

当它们获准进入这个论坛，整个大脑就都可以获得它们所带入的信息。

因此，全局工作空间就是一种信息交换，"类似于教室里的黑板，或者电视广播电台"（巴尔斯，1988）。其他的子系统接着可以分析和解释从全局工作空间所获得的信息。巴尔斯论证说，正是这种全面的可用性（availability）构成了意识。

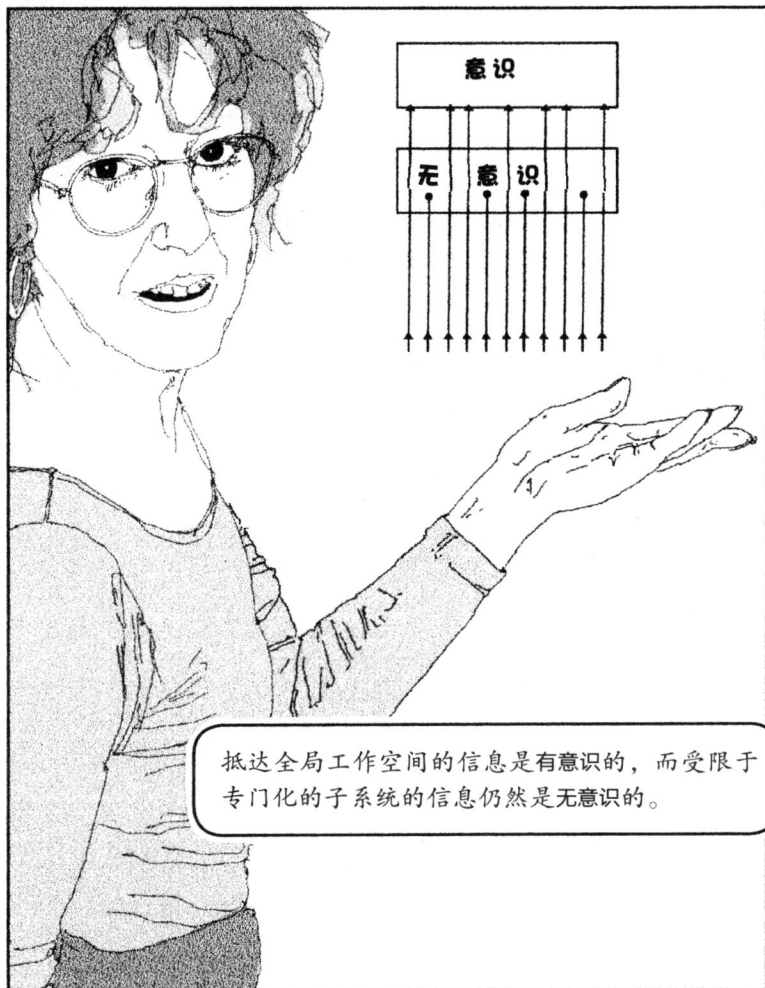

抵达全局工作空间的信息是有意识的，而受限于专门化的子系统的信息仍然是无意识的。

巴尔斯的方案恰当地说明了感知及其他精神能力中出现的、意识与无意识过程之间的相互影响。

CAS 信息处理模型

其他的心理学家也提出了类似的理论，按照意识在信息处理和决策过程中的核心作用来说明意识是什么。例如，D.L. 夏科特（D.L. Schacter）认为，现象意识由某个认知系统的运行而构成，该系统在各个"特定的知识模块"之间起中介和调停作用，比如一方面是视觉和听觉，另一方面是控制推理和行动的"执行系统"。

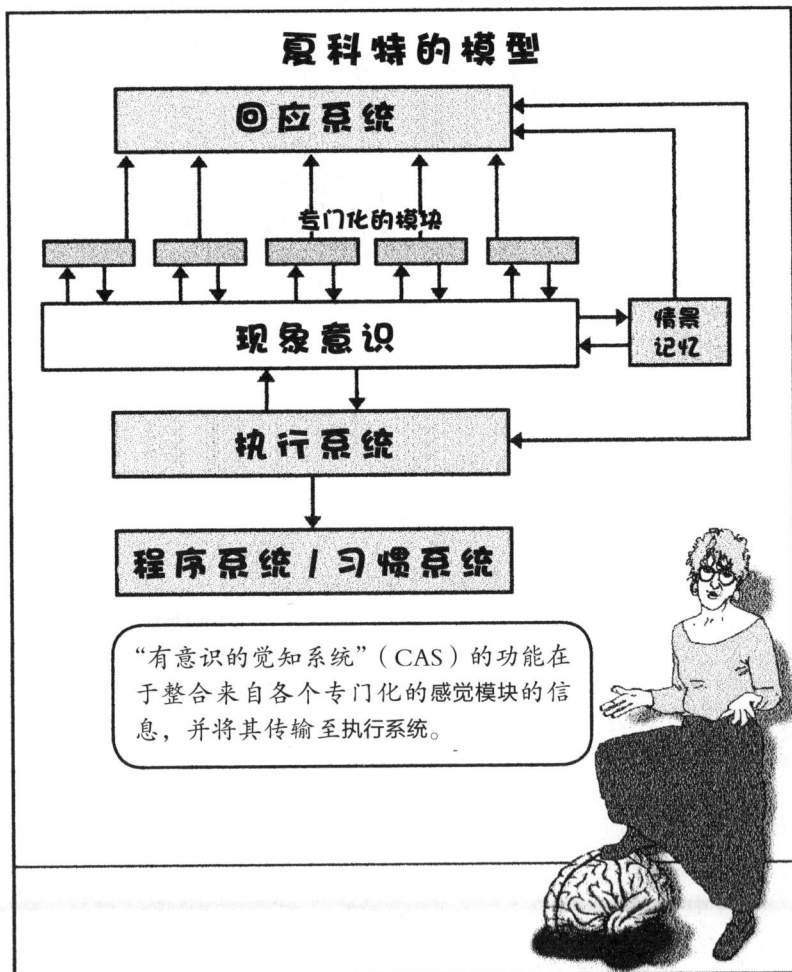

夏科特的模型

回应系统

专门化的模块

现象意识

情景记忆

执行系统

程序系统／习惯系统

"有意识的觉知系统"（CAS）的功能在于整合来自各个专门化的感觉模块的信息，并将其传输至执行系统。

当我们有意识地回忆之前的经验时，CAS 也从情景记忆存储中接收信息。而当我们意识到自己的推理和计划时，CAS 也从执行系统本身接收信息。

对于夏科特来说，重要之处在于，有意识的信息也就是那种对于执行系统的决策有所促进的信息，而所有这类信息必须经由 CAS 传导并由之整合。（这里特别需要注意的是，为什么没有直接从情景记忆或专门化的知识模块发出并指向执行系统的箭头。）

外星生命的平等权利

迄今为止，我们所提到的所有意识理论显然都有可能面对一个反驳。上述理论全都是从**人类**的角度来说明意识的。它们特别将意识与人的生理及心理各方面联系起来，比如皮质振荡、细胞骨架微管、感知注意、语言、听觉、情景记忆存储等。

但是如果我们认为只有人才能具有意识，那这就是愚蠢的沙文主义。

所以肯定有非人类意识存在喽？

持有下面这种观点也是一样：其他生物（比如章鱼）的感受必定与人的感受不同。我们之前已经看到了一些支持这种"区别看待"的理由。

但这绝对不足以令我们主张，非人类的存在者完全无法拥有有意识的感受。有些思想家（不包括我）论证说，所有其他的**地球生物**（例如猫、狗以及黑猩猩）都没有意识。

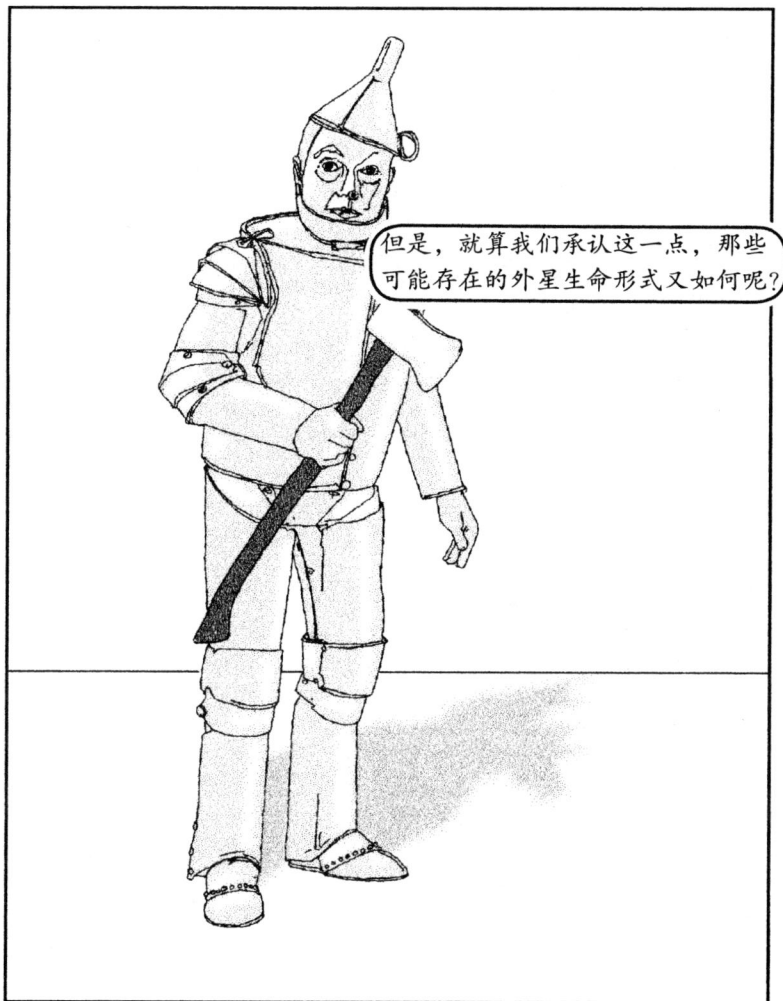

但是，就算我们承认这一点，那些可能存在的外星生命形式又如何呢？

外星智慧生命肯定是能具有意识的，就算他们的意识是按照与人类极端不同的方式构造的——比如说，没有皮质、没有听觉，或者没有情景记忆存储。一套富有野心的意识理论应当涵盖这种可能性，而不仅仅关注人的智性。

意向性与意识

如果我们用**意向性**（intentionality）来说明意识的话，或许我们可以实现这个野心。"意向性"是人们讨论"表象"（representation）时所用的一个奇怪说法。如果一个状态是**关于**某事物的，如果它指称某事物，那么该状态就是意向性的。在这个意义上，语言就是意向性的。

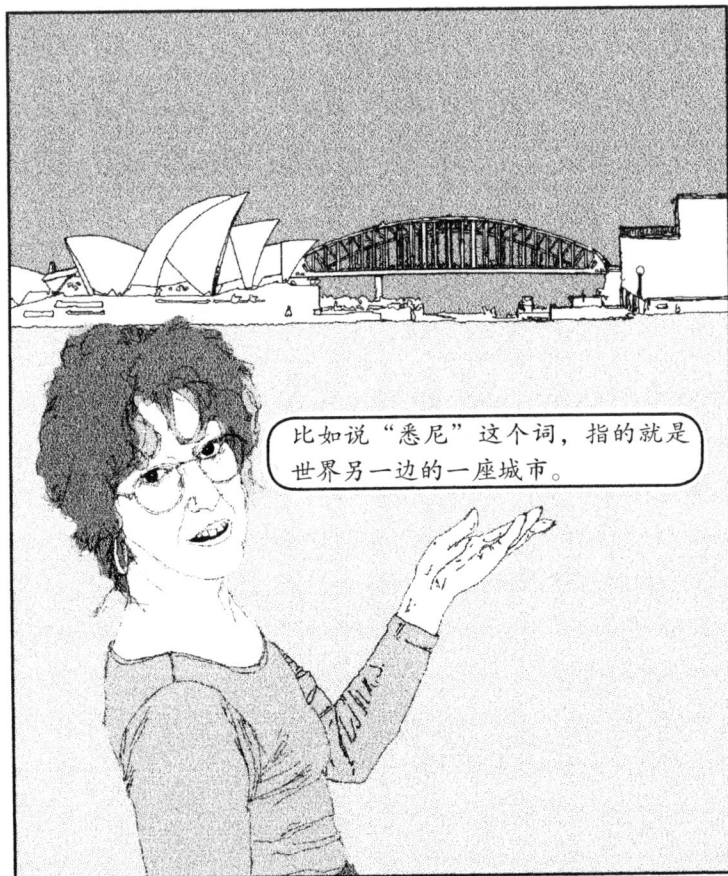

> 比如说"悉尼"这个词，指的就是世界另一边的一座城市。

很多精神状态都具有"意向性"这个特征。当我想到悉尼的时候（比如港口，比如歌剧院，比如在邦戴海滩冲浪……），我的精神状态同样聚焦在这座遥远的城市。

意向性是一种相当普遍的抽象属性。我们没有理由认为，只有人类认知才有意向性。我们可以期待所有的外星思维也都与意向性有关。关于意识的意向性理论因此也就应该避免地球沙文主义。

认为我们可以用意向性来说明意识，这种主张可以追溯到 19 世纪末。德国心理学家、哲学家**布伦塔诺**（Franz Brentano，1838—1917）发展了这一观点，认为精神的本质就在其对于对象的指向性。

所有的意识都是对于某个事物的意识。

布伦塔诺的观点对另一位哲学家产生了巨大影响，后者就是现象学的奠基人**胡塞尔**（Edmund Husserl，1859—1938）。胡塞尔认为，哲学的基础应该是对下面这个问题的仔细研究，即意识如何将其对象呈现给我们。

意识与表象

并不是只有现象学运动将意识等同于意向性。现象学传统之外的很多当代哲学家也提出了关于意识的表象理论。

其中包括唯物论者米歇尔·泰（Michael Tye）和弗雷德·德雷斯克（Fred Dretske），以及二元论者戴维·查尔莫斯。

> 泰和德雷斯克想要将意识等同为表象。

> 查尔莫斯则想要构建一种理论，来表明意识和表象是心灵的两种相互分离但彼此相关的特征。

> 他推测说，他所预期的意识科学所具备的基本原则将会说明，意识何以总是从表象的呈现当中产生出来。

事实上，查尔莫斯用的是"**信息**"这个技术性概念，而不是表象或者意向性本身。区别在于，只要我们具有像语句这样的要素结构，就有了"信息"，即使这些结构严格来说是无意义的。

说明意向性

意向性真的有助于我们说明意识吗？意向性本身在哲学上就是个问题。它可能只会令我们在哲学的流沙中陷得更深。

词语（纸上的标记或是声音模式）如何能够指代别的事物呢？比如某座遥远的城市？好吧，或许词语之所以能够表征事物，是因为我们在思维上能够理解它们的意思。但这恰恰又把问题推回去了。

发现新世界

今年来悉尼

我们的精神理解何以表征这座遥远的城市呢？

是什么令我们的精神状态有能力达到并表征某个我们很多人从未见过的事物？

从这类问题可以看出，意向性似乎是和意识一样困难的问题。因此，将意识等同为意向性，这似乎算不上一个进步。

我们能破解意向性吗？

难道我们不是在用一个哲学谜语替换另一个谜语吗？倒也未必。如果能够表明，意识不涉及任何意向性之外或之上的东西，那么这就是一个真正的进步。之前我们有两个谜语，现在就只剩一个了。我们可以不再将意识作为一个独立的问题而感到忧虑，并且可以专注于破解意向性。这会是一个进步。

意向性自身或许可以加以解释。对此有少数几种理论旨在解决意向性这一"困难问题"。

> 这些理论试图说明，意向性何以能够与这个由原因—效果构成的客观世界相适应。

目前还没有任何一种理论得到普遍接受，但是现在下结论说这类理论无一成功，倒也为时尚早。如果我们有一套很好的意向性理论，如果意识不过就是意向性，那我们可就大功告成了。

非表象性意识

不过，这仅仅是假设，意识**不是**任何超出意向性或在它之上的东西。但这个等式若要成立，还存在着严重的障碍。首先，并不是所有的意识状态看起来都是表象性的。此外，并不是所有的表象性状态看起来都是有意识的。

我们先从第一个障碍开始。虽然有相当一部分意识状态是意向性的（比如想法、感知、镜像和记忆），但还有很多意识状态看起来不是意向性的。比如说，痛和痒。

> 我头疼，这表征了什么？我的肩膀痒得好烦，这又表征了什么？

> 还有情感和情绪呢？我的悲伤表征了什么？我的兴奋又表征了什么？

> 还有高潮体验呢？这又表征了什么？

为表象辩护

表象性方案的捍卫者对此有自己的答案。总体而言，他们论证说，疼痛、情感等状态**的确具有**表象性内容，尽管第一印象与此相反。

请注意，痛和痒一般来说都是和具体的身体部分相联系的。

可以说，它们表征了该部位的创伤或失调。

与此类似，情感可以被看成表征了事物的一般状态。我的悲伤说明情况很糟。

甚至有人论证说，高潮表征了恰当的身体区域所发生的物理变化。

无意识的表象

对于"意识 = 表象"这个等式还有一种反方向的反驳，即有相当多的表象看起来并不是有意识的。首先，句子不是有意识的，即使它们能够进行表征。还有那些无意识的信念呢？其无意识特性看来并没有妨碍它们"**与某些事物有关**"。这里有个例子。

> 我相信我的妻子是完全忠诚的。

> 但是你的行为并没有表明这一点。你总是在查她。

> 他无意识地具有相反的信念。

或许这些只是间接的表象，从那些有意识的表象当中获得了意向性。或者句子只有在其使用者**有意识地理解**它们的时候，才进行表征。而无意识的信念之所以能够表征，可能是因为它们类似于具有同样内容的**有意识的信念**。

不过还有一些**无意识表象**的例子，它们更加难以理解。

大脑中的多数认知过程似乎都会涉及无意识的状态，后者直接表征事物，而不借助于任何有意识的状态。比如说，在人类视觉处理过程的早期阶段，有一些状态表征了光波波长与强度的变化。但这些状态并不属于有意识的视觉。

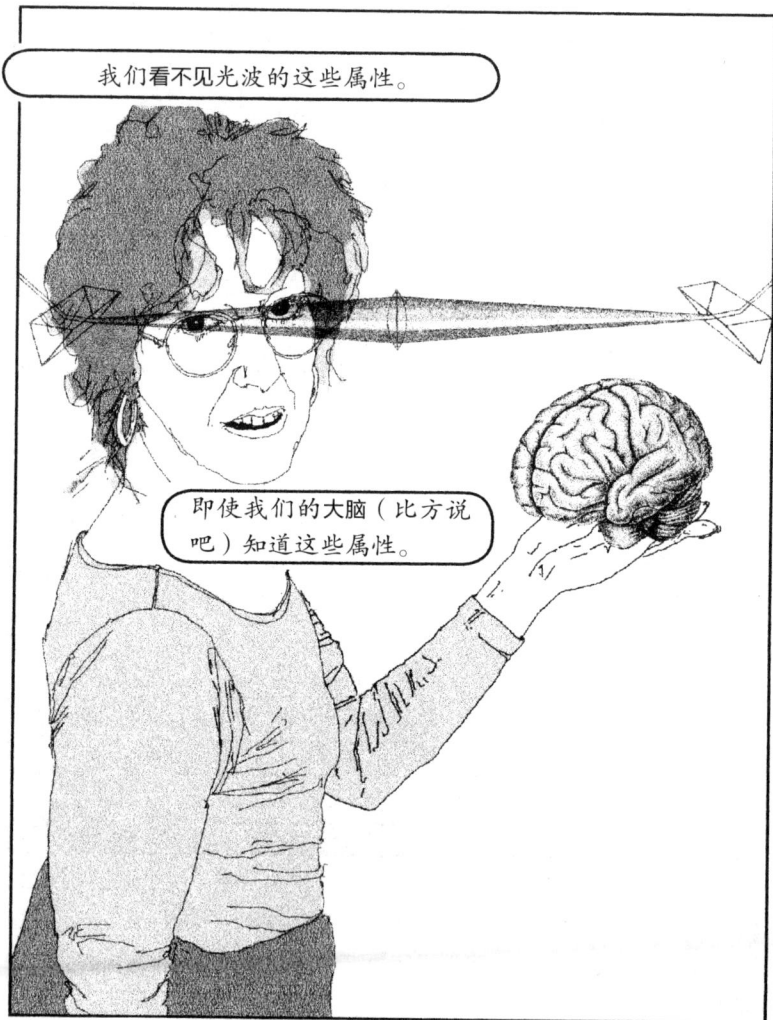

我们看不见光波的这些属性。

即使我们的大脑（比方说吧）知道这些属性。

说这种表象是"二手的"，也不恰当。没有人能像人们有意识地解释自己所说的语句那样，用同样的方式、有意识地解释视觉处理过程中涉及的大脑状态。这些状态也不能被看成是我们的有意识状态的无意识对应物，因为我们大多数人并不具有关于光波属性的有意识信念。

在人类大脑之外也能找到无意识表象的例子，比如在原始动物那里，在机器那里。

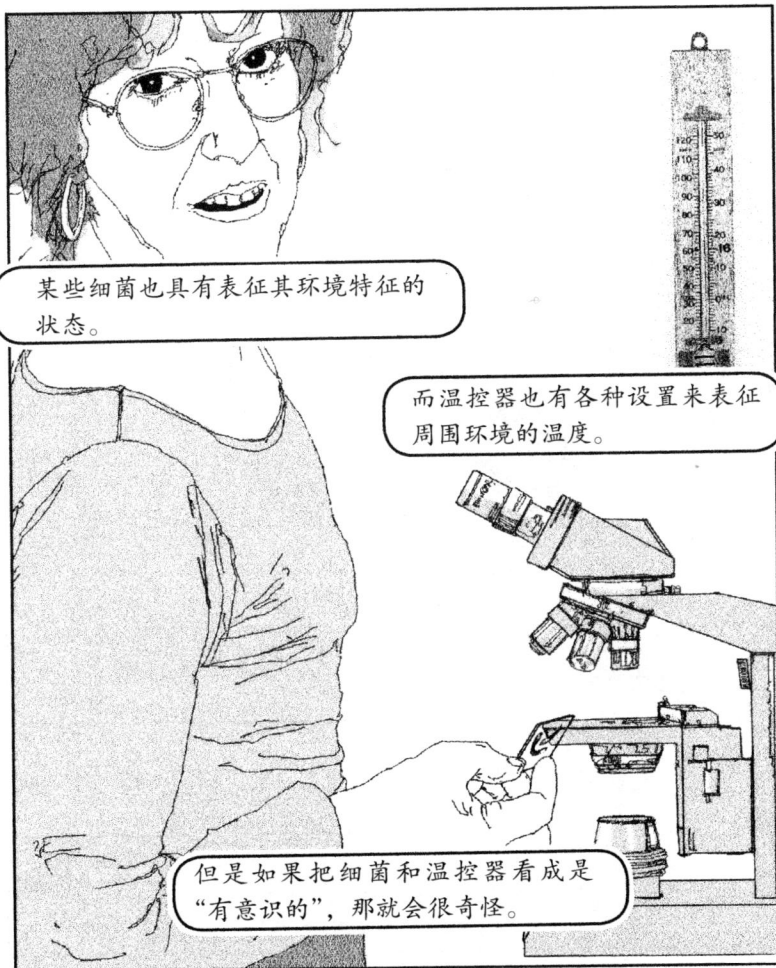

某些细菌也具有表征其环境特征的状态。

而温控器也有各种设置来表征周围环境的温度。

但是如果把细菌和温控器看成是"有意识的"，那就会很奇怪。

泛心论表象

表象性方案还可以采取两种方式。一种是继续坚持这个理论，抵制以下直觉：在细菌、温控器和视觉处理过程的早期阶段都没有意识。

查尔莫斯采纳的就是这个方案。

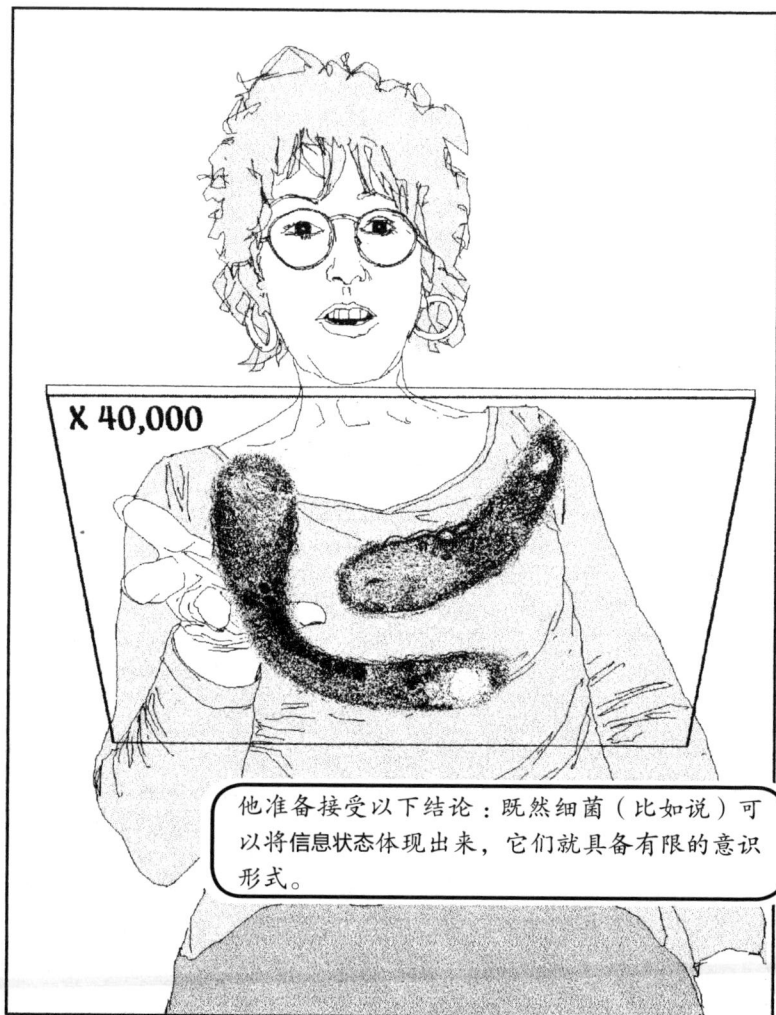

X 40,000

他准备接受以下结论：既然细菌（比如说）可以将信息状态体现出来，它们就具备有限的意识形式。

没错，对于查尔莫斯来说，几乎所有的物理系统都有意识，因为几乎任何因果过程都能满足他对"信息"的定义。查尔莫斯于是最终走向了**泛心论**（panpsychism）。

这个观点主张，意识遍布于整个自然界。

另一个方案则是对表象论加以限定，说明并非所有表象都会产生意识，而只有**特定类型**的表象才能产生意识。

没有意识的行为

有一个很自然的提议：当表象发挥作用、**控制行为**时，就明确产生了意识。米歇尔·泰和弗雷德·德雷斯克都选择了这个观点的不同版本。这就表明要否认视觉处理过程、细菌和温控器具有意识，也要否认任何不具备**一系列行为**来加以控制的简单系统具有意识。

然而，不幸的是，行为控制似乎不足以确保意识的产生。

> 近来有证据表明，很多人类行为是由那些在意识层面下运行的过程所控制的。

在一项经典实验中，美国生理学家本杰明·利贝特（Benjamin Libet）让被试者决定自发地运动双手，并用挂在墙上的一只巨大秒表同步记下他们做出决定的准确瞬间。

利贝特使用头皮电极来探测运动皮层活动的启动瞬间，后者发动手部进行运动。

令人惊讶的是，我发现在被试者意识到自己做出任何有意识的决定之前整整 1/5 秒，神经活动就已经开始了。

关于如何确切地解释这个实验，人们依旧争论不休，但它确实提示我们：某些控制人类行为的过程并不需要意识。

何物 vs 何处

从有关视错觉的实验中，我们也可以得到类似的暗示。加拿大心理学家梅尔·古戴尔（Mel Goodale）用扑克筹码的排列来测验被试者。他将一个筹码放入一圈大得多的筹码中，然后将一个同等大小的筹码放入一圈小得多的筹码中。

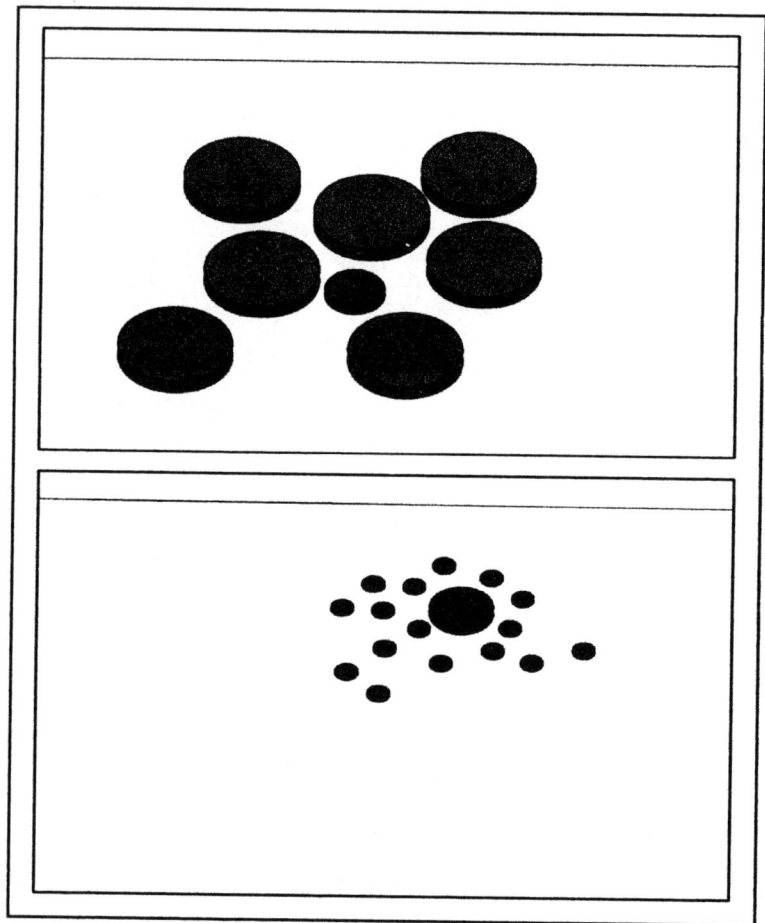

所有的被试者都受到了意识错觉的影响，以为第一个筹码比第二个筹码小得多。但是他们的手却不会这样轻易上当。

当他们伸手去拿这两个筹码时，他们张开手指的**程度**是一样的。

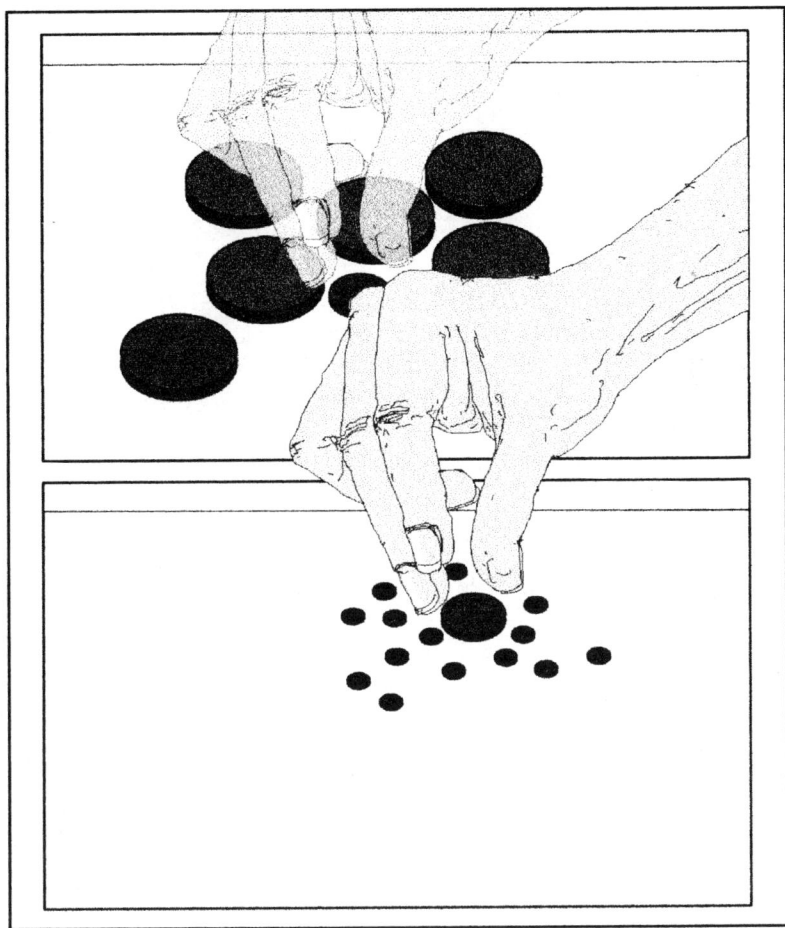

这里我们又一次看到，行为受到非意识表象的控制，而不是受到有意识的觉知的控制。很多神经心理学家现在认为，人的视觉系统当中本来有两条路径。"低路径"通往对于物体的有意识辨别。【所以它有时候也被称为"物"径（"what"path）。】"高路径"则包含着控制身体运动的信息，例如用手抓东西。【因此也被称为"处"径（"where"path）。】然而，即使"高路径"控制着行为，它也还是处于意识层面之下。

盲视问题

于是就有了"盲视"（blindsight）。有些大脑受损的人无法有意识地看见事物。他们说自己是全盲的。但即使如此，当人们请他们做出猜测的时候，他们在识别线条、闪烁的光线甚至颜色方面还是表现得十分出色。

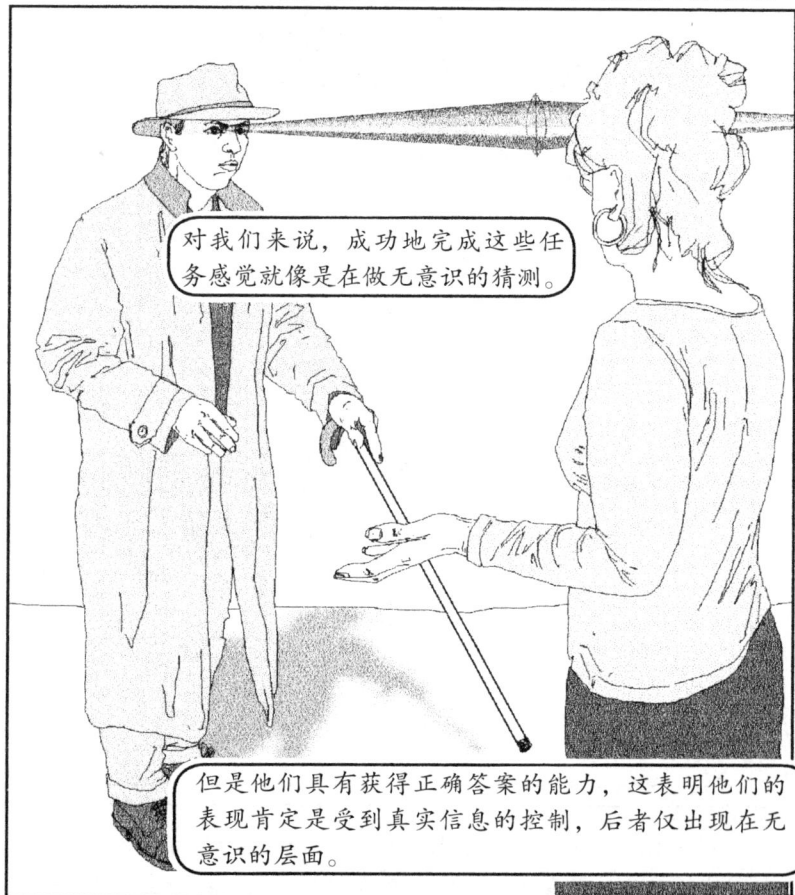

对我们来说，成功地完成这些任务感觉就像是在做无意识的猜测。

但是他们具有获得正确答案的能力，这表明他们的表现肯定是受到真实信息的控制，后者仅出现在无意识的层面。

所有这些例子都威胁到一个观点，即每当表象在控制行为方面发挥作用时，它都是有意识的。如果我们澄清一下什么叫作"控制行为"，这个观点或许还能立得住。但是我们并不清楚要如何澄清这一点——尤其是如果我们想避免用一种沙文主义的方式来诉诸人类认知细节的话。

HOT 理论

还有一个不同的观点，即表象只有在对自身进行"**元表征**"（meta-represent）的时候，才是有意识的。请注意，当我们具备有意识的经验时，一个典型的特征是，我们会用一种内省的方式来意识到这些经验。也就是说，就在我们具备这些经验的同时，一个典型的特征是，我们会**想到**这些经验。这就是"元表象"。

这就暗示了一个关于意识的"高阶思想"理论。

这套理论声称，有意识的精神状态就是那些当我们以内省的方式进行思考时所处的精神状态。

美国哲学家戴维·罗森塔尔（David Rosenthal）将这套理论命名为 HOT 意识理论（**H**igher-**O**rder-**T**hought）。高阶思想肯定是**人类**意识的一个典型特征。但是一套**普遍**的意识理论能建立在这个基础上吗？

对 HOT 理论的批评

下面这个说法似乎有些奇怪：一种状态是由于对它所**做**的某件事情而具有意识的。那是不是说，只有当我不再想着阿米达拉女王 *，而是开始想着我自己观看《星球大战前传 1：幽灵的威胁》的视觉经验时，我才算是在视觉上对这部电影有意识呢？

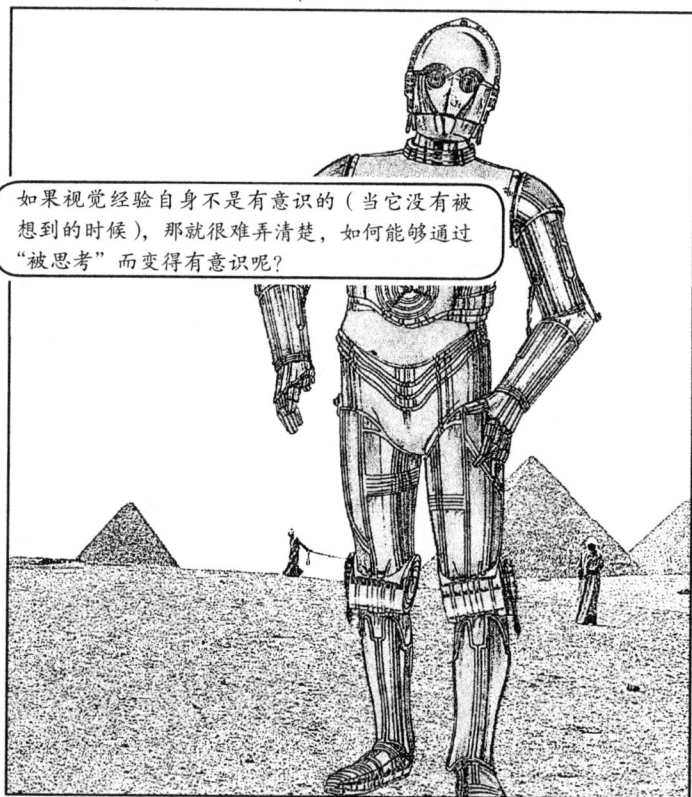

> 如果视觉经验自身不是有意识的（当它没有被想到的时候），那就很难弄清楚，如何能够通过"被思考"而变得有意识呢？

不管怎么说，HOT 理论似乎要求有意识的生物具有极为惊人的复杂性。这种理论暗示说，那些无法**思考**精神状态的存在者，也就无法具有意识。这就不仅倾向于否认温控器和细菌具有意识，而且也否认老鼠、蝙蝠和猫具有意识。

---

* 阿米达拉女王是电影《星球大战前传 1：幽灵的威胁》中的一个人物。

自我意识和心灵理论

那些能够"思考"精神状态的事物通常被说成是具有某种"心灵理论"。他们不仅能够具有视觉、情感和信念，而且也能形成关于视觉、情感和信念的想法。

人显然具有这个意义上的"心灵理论"。

他们能够思考各种精神状态，包括他们自己的精神状态。

但是地球上的其他动物能不能做到这一点，就不太清楚了。

检测是否具有某种心灵理论的经典测试就是"错误信念测试"（false-belief test）。人类后代在三岁或四岁左右能够通过测试（之前则不行）。我们看看这个测试是怎么做的。

错误信念测试

该测试主要依托于下面这个故事情景。

萨莉把她的糖果放在篮子里。

当萨莉离开房间时，安把这些糖果放进了抽屉里。

接下来，参加测试的孩子被问到一个问题……

当萨莉回到房间，她会去哪里找她的糖呢？

三岁半以下的孩子都回答"抽屉",因为他们无法把握一个观点：萨莉的内在世界不同于客观世界。

但是过了四岁,他们几乎都会回答"篮子",因为他们现在能够认识到萨莉的错误。

虽然成年人都能通过这项测试,但是我们并不清楚其他动物能否通过。

至多可能只有黑猩猩和其他一些猿类能勉强通过测试。

有没有意识？

我们还是以猿类为例来做出判断。我们已经在黑猩猩身上做了以上实验，但是测试黑猩猩有没有心灵理论其实很成问题，因为它们不能用词语来告诉你，它们觉得萨莉会去哪里找她的糖。

> 哎，反正我们是被这些实验弄烦了，开始瞎混。

不管怎样，就算黑猩猩和其他猿类确实具有某种心灵理论，其他的哺乳动物则毫无疑问不具有这种理论。比如说，猫和狗肯定想不到"心灵"。具体来说，这就意味着它们无法想到自己的心灵，因此，根据 HOT 意识理论，它们也就没有意识。

文化训练

有些思想家乐意接受这个反直观的结论，即猫和狗都没有意识。的确，美国哲学家丹尼尔·丹内特（Daniel Dennett）不仅准备去论证意识要求某种类似于高阶思想的东西，而且还要更具体地论证说，这样一种思想取决于我们的文化训练，而不是仅仅取决于我们的生物遗传。

他的观点导致了一个令人惊讶的结论：我们的祖先在人类文化出现之前都没有意识。

别开玩笑！

感受性与自我意识

大多数理论家都反对这种把意识看成高阶思想的观点，并且坚持认为（与常识一致），很多不能说话的动物也是有意识的。

在此，一个有益的做法是区分**自我意识**（self-consciousness）和**感受性**（sentience）。

自我意识若被理解成"思想"一个人的经验，就要求具备高阶思想。

但是我们也可以很自然地说，动物是有感受性的，即使它们没有自我意识。

比如说，猫和狗似乎能够有意识地看见它们周遭的事物，能够听见声音，能够感到疼痛，等等。这些经验对它们来说就是"像某种东西"，即使它们并不思想这些经验。

未来科学前景

我们可以期待，未来的科学研究令我们对人类意识有越来越多的了解，就像新的脑扫描技术扩充了传统的研究方法一样。

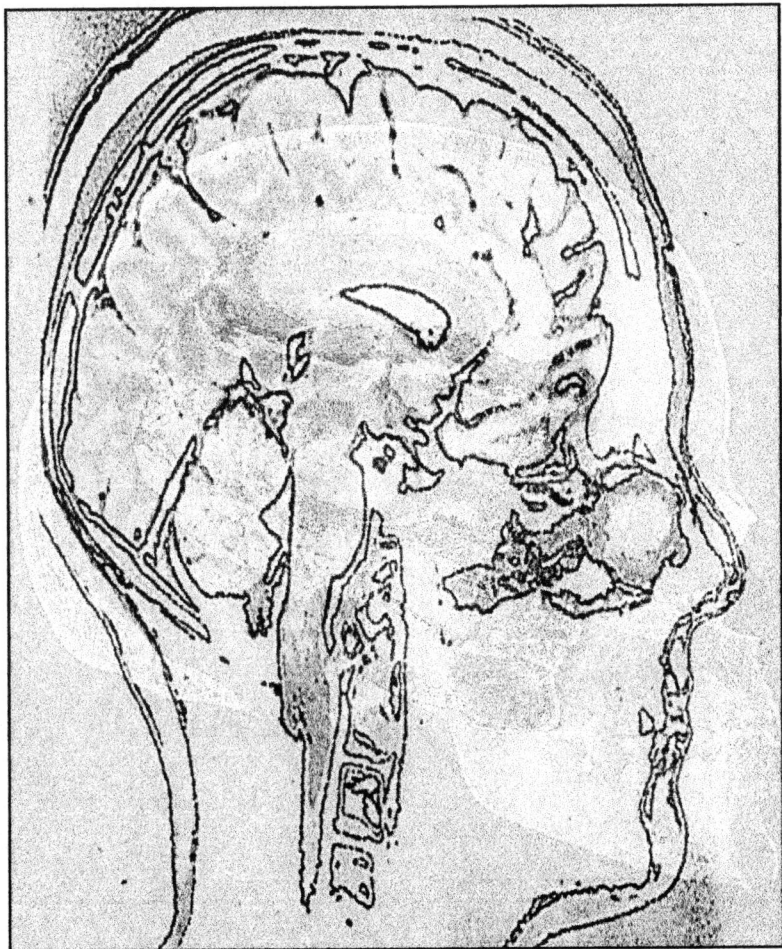

长期以来用于研究人类意识的技术包括：行为实验、大脑损伤研究以及脑电图（EEG，就是用置于头颅中的电极来测量脑电波）。

PET 和 MRI

　　此外，人们最近又增加了正电子成像术（PET）和磁共振成像术（MRI）。

　　PET 扫描是用一种血液中的放射性标记物来测量大脑活动。MRI 扫描则是将大脑置于一个强磁场中来测量大脑活动。

　　在复杂的电脑程序的帮助下，上述技术得出了惊人的图像，表明哪些大脑区域被哪些精神任务所激活。这项研究会让我们越来越详尽地理解人类意识的大脑基础。至于这会不会导向一种普遍的意识理论，则是另一个问题了。

麻烦的是，科学研究使用了以上或其他任何可想象的技术手段，却只能告诉我们有关人类意识的信息。这是因为只有人才能**告诉**我们自己所处的意识状态。人们可以**报告**，什么时候意识到自己看见了某个事物，什么时候没有。

这令我们得以精确地查明将上述两种情形区分开来的大脑过程，并将其鉴定为有意识的人类视觉的基础。

你不能对猴子或猫做同样的实验，因为它们无法告诉你它们有什么样的意识经验。

这种科学研究也无法帮助我们查明，当猴子和猫的（非语言的）行为表明它们对视觉刺激敏感时，它们的大脑中发生了什么变化。因为盲视以及类似现象都表明，完全有可能在没有意识的情况下敏感地做出行动。

意识的标记

如果够幸运的话，意识研究或许能够发现某些恰当的关键特征，一切产生意识的人脑状态都具备这些特征。或许它们都涉及某种类型的表象（就像意识的意向性理论所声称的那样），或许它们都具有某个进一步的特征，而我们尚未发现它。

如果人类意识研究的确抛出了这样一个"意识标记"，那么我们或许就能在此基础上构建一套普适性的理论。

我们可以用这套理论来确定其他动物、外星生命以及智能机器的意识。

这些生物的意识将取决于，它们的大脑呈现出正确的标记。

但是，如果没有标记、没有什么突出的特征是有意识的人类状态所共有的呢？这看起来也完全有可能。在被我们人类鉴定为"有意识"的那些状态当中，可能并没有任何共同的特征。也就是说，除了它们都被鉴定为有意识的，除了它们具有最低限度的共同特征，即可通过内省而获得以及可报告，此外再没有其他共同特征。

如果这就是全部，那我们就会再一次在非人类生物这里止步。

"可通过内省而获得"这个特性只是自我意识的一种形式，所以我们不想把它作为意识的基本条件。

自我意识的　　非自我意识的

这样就会很武断地断言，所有那些能感到快乐，却从不停下来思考自己心灵状态的生物（例如猫和狗）都没有意识。

但是这样一来，我们要如何去确定，哪些生物具有非自我意识的感受性呢？猫和狗或许是比较清楚的例子。但是鱼呢？螃蟹和蜗牛呢？更别说外星人和智能机了。如果人类意识研究不能找到一个清晰的意识标记，那么我们将不知该何去何从。

苍蝇和苍蝇瓶

维特根斯坦认为，哲学问题需要的是治疗而非解决方案，这样才能消除那些产生哲学问题的困惑。（"我们必须让苍蝇飞进苍蝇瓶里。"）或许这对意识研究来说是一个好主意。

> 如果我们无法取得进展，或许可以采取迂回的策略，比如反思一下我们在哲学上的先入之见。

回想一下此前我们简要提出的两种正面的哲学方案，二元论和唯物论。（我们可以暂时忽略神秘论，因为它在思想上太缺乏雄心。）

二元论方案

如果你是一个二元论者，那么你其实也没有什么策略可用。因为你会认为，意识依托于某种非物理性的"心质"的存在。蜗牛和超级计算机只有在某种程度上具备了这种特殊的心质，才能具有意识。

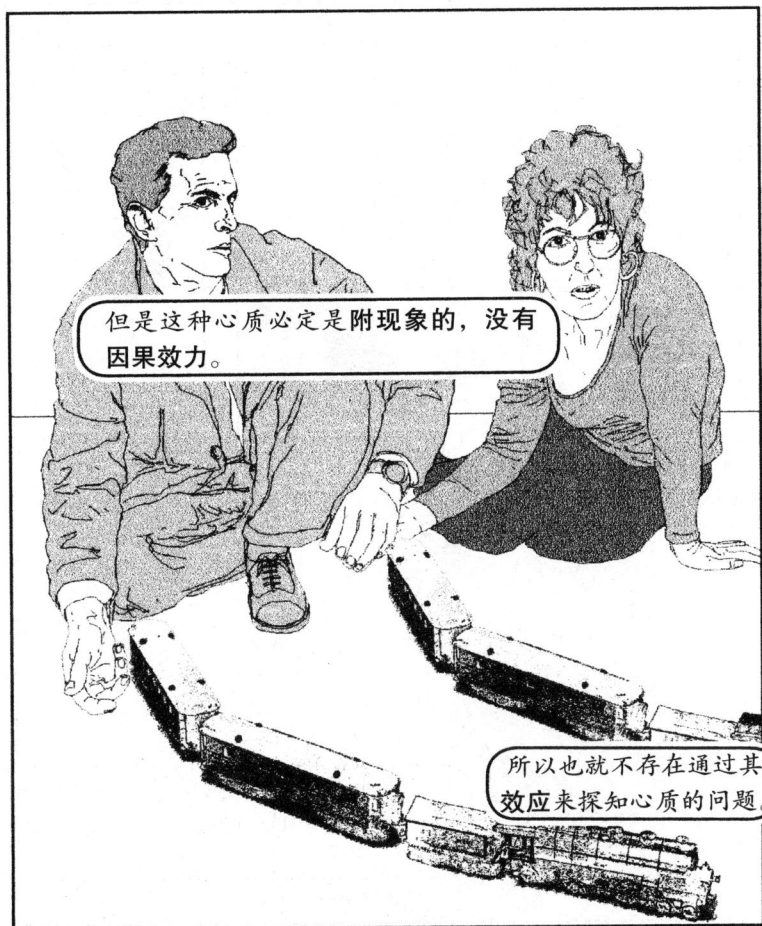

> 但是这种心质必定是附现象的，没有因果效力。

> 所以也就不存在通过其效应来探知心质的问题。

二元论者看来也没有其他方式来分辨心质什么时候出现。因此，二元论必然永远将我们留在黑暗中，无法知道非人类存在物的意识生活是什么样子。

唯物论方案

唯物论从不同的角度来看待事物。无论在人身上还是在其他地方，都不存在任何额外的"心质"。存在的只有物理性的大脑过程，对于具备它们的生物而言，其中有些过程"像是某种东西"。

> 二元论者不自禁地将意识看作某种非此即彼的问题——要么有额外的心质，要么没有。

> 但是唯物论者还有别的选择，他们将"像什么"（what-it's-likeness）看成一个连续体。

有些例子十分清楚。人、黑猩猩和猫都是有意识的。石头、海藻和链球菌没有意识。但是在二者之间不必有绝对的界限。不需要存在确切的一点，好像内在生活在这一点上就彻底消失。

道德关切问题

丹尼尔·丹内特已经提议，意识的归因最好是以道德关切的态度为前提。正是由于我们关心我们的猫，所以才认为它们是有意识的。

类似地，如果我们碰见任何外星生命或网络智能，决定其意识问题的，正是我们与之互动的模式。

> 如果我们对它们的反应就像对待纯粹的物理对象，那么我们就会将它们看成是无意识的。

> 如果你学会了理解并知道如何对待这样的外星生命，还跟我们聊起我们的希望和恐惧，那你就会认为我们是有意识的。

有些哲学上的怀疑论者肯定还是会问，它们是否**真的**具有意识。但是，如果我们交到了很好的外星朋友，那这个问题就显得很蠢，就跟问其他的人类是不是真的有意识一样。

有没有一个最终的答案？

乍看之下，丹内特的想法似乎挺奇怪。怎么可能仅仅因为我们决定用某种方式来对待一个东西，它就会**变得**有意识呢？

> 但这个观点并不是说，我们的道德关切可以改变这一点：做一个外星人是什么感觉。

> 相反，它可能只是给了你一个理由，去完善你那模糊不清的"意识"概念，以便将我们也包含在内。

当然，我们将外星人看作关切的对象，这并不会改变它们的内在生活。但它或许能让我们合理地界定此前不确定的概念，并将"有意识的"这个术语加以拓展，以便能够将外星人的内在生活也包含在内。

我们将会发现，我们有理由将外星生命的内在生活与我们自己的内在生活划归一类，而不是将它们看成是内在空洞的、仅仅布满石头和链球菌的存在。

你们有些人可能会感到失望——因为得知意识这个谜语没有一个最终的答案。

到了最后，它还只是一些定义而已。

但是其他人可能会感到满意，因为他们明白了为什么没有答案，而且可能会很乐意去找到自己的方式来走出"苍蝇瓶"。

延伸阅读

关于意识的好书很多，我先介绍两本有用的文选，其中收录了近来有关这个主题的哲学著作：

Ned Block, Owen Flanagan and Guven Guzeldere (eds.), *The Nature of Consciousness*, 1997, MIT Press.

Thomas Metzinger (ed.), *Conscious Experience*, 1996, Imprint Academic.

下面这本文选不仅选入了意识研究领域中领先的科学理论家的文章（其中包括彭罗斯、克里克以及巴尔斯），还选入了哲学家的文章（例如丹内特和查尔莫斯）。它是《意识研究期刊》（*Journal of Consciousness Studies*）特刊的重印版，这期特刊主要讨论意识研究的"困难的问题"。

Jonathan Shear (ed.), *Explaining Consciousness - The "Hard Problem"*, 1997 MIT Press.

下面这本关于塞尔的"中文屋"论证的文集虽然出版较早，但是非常有趣，且其中包括了非常好的材料：

Douglas Hofstadter and Daniel Dennett (eds.), *The Mind's I*, 1985, Bantam Books.

【中文版：《心我论》，陈鲁明　译，上海译文出版社，1999 年。】

本书中所讨论的很多思想家又有新著出版：

Bernard Baars, *In the Theatre of Consciousness: The Workspace of the Mind*, 1997, Oxford University Press. 该书发展了他的"全局工作空间"的意识理论。

David Chalmers, *The Conscious Mind*, 1996, Oxford University Press. 该书是对唯物论的主要批评，为当代的诸多争论设置了基本议程。

【中文版：《有意识的心灵：一种基础理论研究》，朱建平　译，中国人民大学出版社，2013 年】

Francis Crick, *The Astonishing Hypothesis*, 1994, Simon and Schuster. 该书将意识等同于视觉皮质区域发生的振荡。

【中文版：《惊人的假说》，汪云九 等译，湖南科学技术出版社，2018 年】

Daniel Dennett, *Consciousness Explained*, 1991, Allen Lane. 该书将很多引人入胜的科学细节和下面这个观点结合起来，即意识只是伴随着人类文化而出现的。

【中文版：《意识的解释》，苏德超、李涤非、陈虎平 译，北京理工大学出版社，2008 年】

Gerald Edelman, *Brilliant Air, Brilliant Fire*, *1993, Basic Books. 该书解释了他对有意识的心灵所提出的"神经达尔文主义"。

Colin McGinn, *The Problem of Consciousness*, 1991, Basil Blackwell. 该书捍卫了"神秘论"的观点，即意识问题在人类所能解决的范围之外。

Thomas Nagel, *The View from Nowhere*, 1986, Oxford University Press. 该书论证说，意识涉及一种特殊的视角事实（perspectival fact）。

【中文版：《本然的观点》，贾可春 译，中国人民大学出版社，2010 年】

Roger Penrose, *Shadows of the Mind*, 1994, Oxford University Press. 该书将意识与计算及量子力学联系起来。

Michael Tye, *Ten Problems of Consciousness*, 1995, MIT Press. 该书捍卫了意识的表象理论。

下面两个网站很有用，可以找到当代的意识研究著作：

电子期刊《心理》（*Psyche*）是意识科学研究协会的机构，网址是：http://psyche.cs.monash.edu.au/index.html。这个网站也会发布一些讨论清单。

戴维·查尔莫斯的网页 http://www.u.arizona.edu/~chalmers 是一个非常棒的资源。除了他自己的著作之外，网站还包括一份重要的意识研究著作目录、其他网站的链接以及一个专门讨论僵尸的版块。

---

* 此处疑为笔误，书名应为 *Bright Air, Brilliant Fire*。

索引